中文第一教室

wǒ yào xué hǎo 我要學好 pǔ tōng huà 普通話

yǔ yīn piān 語音篇

畢宛嬰 著
陳焯嘉 圖

加油!!

jiā yóur

新雅文化事業有限公司
www.sunya.com.hk

以小見大　深入淺出

畢宛嬰是位才女。我常親切地叫她小畢。小畢之所以有才華，還得從老畢說起。小畢的父親畢克官先生是文學和繪畫兩棲的大家。畢老是漫畫家、中國漫畫史學家、散文作家、民窰瓷繪研究家。著述甚豐，得獎無數。畢老的夫人王德娟教授，是著名油畫家。小畢從小生活在文學藝術家的圈子裏，耳濡目染，有了靈氣。宛嬰這好聽的名字，就是大師豐子愷先生起的。畢克官先生得女，豐子愷先生送畫一幅相賀。題辭為「櫻桃豌豆分兒女，草草春風又一年」。豐先生以此畫題意給畢先生的初生女嬰命名為「宛嬰」。就這一點，夠小畢驕傲一輩子了。

小畢有靈氣，又勤力。她到香港後，教授中文和普通話，任教可銘學校期間，獲師生一人一票選為「最佳教師」。在繁忙的教學之餘，不停地寫作。為報刊寫專欄，為各級學校編寫普通話教材、中國語文教材，為香港讀者編寫各類學習普通話的趣味讀物。她視野開闊，隨父親一起寫散文，涉獵漫畫鑒賞、漫畫史題材。去年冬天，小畢送來了她與父親的合著《走近豐子愷》，由百年老店西泠印社出版，這本書內容翔實，圖文並茂，讓我愛不釋手。

現在，這本《我要學好普通話——語音篇》又是小畢的新集子。裏面生動記載着香港人學習普通話的趣談，從一句引起歧義的話題開始，由一個惹人發笑的小故事入手，將普通話與廣東話一一對比，以小見大，深入淺出，易懂易學易記，使學習者越學越有興趣，越學越有效果。這些寶貴的材料不是隨意杜撰而來，而是來自作者教學的日積月累，也反映了作者對香港語言生活的細心觀察和體驗。

我要特別附和贊成小畢的是，關於用漢語拼音輸入中文的學習方法。的確，這方法又快又好，我也是實踐者和受益者。中國大陸有網民幾億，90%以上都用拼音輸入中文。其實在各方言區許多人説普通話並不標準，但只要會漢語拼音，就能用拼音打字。如果沒有打對拼音，電腦上出現的漢字不對，就可以提醒自己注意，改正拼音，糾正讀音，一舉兩得。大家不妨試試。

這本書並不只是給孩子們看的，它的內容，對學習普通話的人來説，老少咸宜；對教授普通話的人來説，可以參考借鑒，增加教與學的樂趣。我借着寫序的機會，誠摯地向讀者推薦這本實用而又有趣味的書，也期望宛嬰不斷有新作出版。

田小琳

全國普通話培訓與測試專家指導委員會委員

2012年金秋

目錄

聲母

韻母

聲調

同音字和多音字

輕聲和兒化

趣味小知識

談學習方法

答案 ……160

附錄 ……170

1. 你要罰抄一片

哥哥：小明，你一定要堅持，如果叛徒而廢，就要罰抄。

小明：抄多少？

哥哥：抄一片。

小明：我的媽呀！那……那要抄多大一片？

以上只是個笑話。不過，如果把普通話聲母 b 和 p 弄亂了，就真會鬧出很多笑話。

筆者來香港的第一份工作是出版社編輯，二十多年前，編輯不僅要跟作者打交道，還要跑植字廠、印刷廠。因為我不會廣東話，所以大家都跟我說普通話，我的職業就一會兒是「片集」(piān jí)，一會兒是「偏激」(piān jī)。

「編輯」(biān jí) 這兩個字容易說錯，不是因為它的音不好發，而是因為這兩個字的讀音粵普差距太大。因為有

些普通話聲母是 b 的字，廣東話是 p，比如「擁抱 (bào)」的「抱」、「花豹 (bào) 」的「豹」、「一倍 (bèi)」的「倍」。相反，有些普通話聲母是 p 的字，廣東話是 b，像「新加坡 (pō)」的「坡」、「啤 (pí) 酒」的「啤」，所以很容易弄亂。笑話中把「半途 (bàn tú) 而廢」說成「叛徒 (pàn tú) 而廢」、「罰抄一遍 (yí biàn)」說成「罰抄一片 (yí piàn)」，就是因為這個原因。

3分鐘練習

把正確答案圈起來。

1.「啤」字跟下面哪個字同音？

A. 皮　　B. 比　　C. 必

2. 下面哪個字的聲母是 p ？

A. 補　　B. 僕　　C. 博

3. 「hú pàn」是下面哪個詞的拼音？

A. 湖泊　　B. 湖畔　　C. 舞伴

4. 下面哪一個是「叛變」的拼音？

A. pàn biàn　　B. bàn piàn　　C. bàn biàn

5. 哪一個詞兩個字的聲母都是 b ？

A. 被騙　　B. 配備　　C. 卑鄙

2. 我的臀很結實

下面是真人真事：

有一天上普通話課，這天正好是朗讀口試，一個女生用悅耳的聲音朗讀成語故事《自相矛盾》：

古時候，有個商人在市集上叫賣：「快來看！快來看！我的臀非常結實，無論什麼東西都不能把它刺穿。」話音未落，好多人圍了上來，想看熱鬧。

接着他又說：「我的矛鋒利無比，什麼東西都能刺穿。」

這時，有個人問他：「那麼……用你的矛刺你的臀，結果會怎麼樣呢？」

這個人不知道如何回答。

這位學生在上面朗讀，同學們捂着嘴在下面笑個不停。

大家為什麼笑呢？因為她把「盾」(dùn) 說成了「臀」(tún) ，結果「我的盾非常結實」就變成「我的臀非常結實」了。

一個女孩子，一個勁兒地「我的臀」、「我的臀」的，我真想馬上糾正她的發音。但這是不可能的，因為正在考

試，考試的時候讀成什麼就是什麼，否則就不公平了。

這件事說明了什麼？有些人說，把廣東話的字音發得「歪歪哋」就是普通話了。有的音廣東話和普通話發音聽起來差不多，像冬瓜 (dōng guā)、灣仔 (Wānzǎi)、八達通 (bā dá tōng) 等。但也有些音完全是兩回事，如鬱金香的「鬱」(yù)、航空母艦的「艦」(jiàn) 等，「歪」(wāi) 到外 (wài) 國也不像普通話。

像「盾」和「臀」，聲、韻、調三樣中有兩樣不同：

	聲	韻	調
盾	d	un	4
臀	t	un	2

那位女生因為普通話不好，矛盾的「盾」字幾乎是用廣東話讀出來，而偏偏她不知道廣東話「盾」正好跟普通話「臀」發音相似，結果鬧出了笑話。

所以說，學知識要精益求精，不能當「差不多先生」。

3分鐘練習

先查字典為下列句子中的粗體字注音，然後讀一讀，體會 d 和 t 發音的不同。

1. 今天老師教繞口令「肚子飽了，兔子跑了」。說得快很容易說成「**兔子**（　　　　）飽了，**肚子**（　　　　）跑了」。
2. 你要努力讀書，否則別人**大步**（　　　　）前進，你卻在原地**踏步**（　　　　）。
3. 他總把**碳水**（　　　　）化合物說成「**淡水**（　　　　）化合物」。
4. **當晚**（　　　　）爺爺喝了一**湯碗**（　　　　）的藥。
5. 他的**膽子**（　　　　）很小，說**毯子**（　　　　）上的花紋像小蟲子，不敢蓋。

3. 我喜歡飲尿

女經理：您好！您就是……

李先生：對！我們約了 10 點。我是你先生。

女經理：啊？哦！您請坐！您請坐！

李先生：我帶了我們公司的商品樣板。有紅色和男色的。你喜歡男色嗎？

女經理：你！您先別說了好嗎？您喝點兒什麼？咖啡、茶還是飲料？

李先生：我喜歡飲尿。

女經理差點兒暈過去！

在這個笑話裏，李先生因為把聲母 n 發成了 l，「李 (Lǐ) 先生」就成了「你 (nǐ) 先生」、「藍 (lán) 色」成了「男 (nán) 色」，「喜歡飲料 (liào)」變成了「喜歡飲尿 (niào)」，把女經理弄得哭笑不得。

有不少香港人說普通話也有 n、l 不分的毛病，大部分把 n 發成 l。為什麼？因為 n 是鼻音，發音時氣流從鼻子出去，相對來說比發 l 困難。如果氣流控制得不好，從嘴裏偷偷溜出去 (liū chu qu) 了，這個音就錯了。

怎樣才能發好這個音呢？舌頭抵住上顎（與「餓 è」

同音）的時間要長一點兒，等氣流從鼻子出去之後再把舌頭放下來。如果舌頭太早放下來，氣從嘴裏跑出去，就發成 l 了。

有些人的廣東話有懶音，其中也有把 n 發成 l 的問題，像「你」字，n 音發成了 l 音，變成「理」，這樣的說話習慣，一定會對普通話的發音造成影響。

3分鐘練習

一、把句子中聲母是 n 的字加橫線，聲母是 l 的字圈起來，區分它們的讀音。

1. 劉德華姓劉，不姓牛。
2. 他的眼內有眼淚。
3. 牛年出生的小文愛吃榴槤。

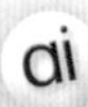

二、先找出聲母是 n、l 的字，在字的上面寫出聲母，再練習繞口令。

男教練，女教練，兩人一起教投籃。

南蘭跟着女教練，藍楠跟着男教練。

認真練習不怕難。

4.「結婚」不是「結分」！

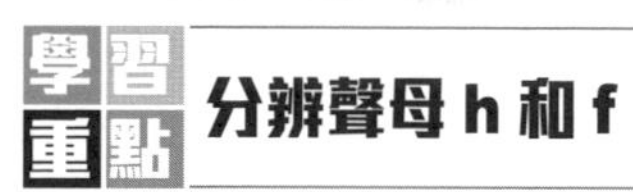

胡太太：符太太，幾年不見，你好嗎？女兒怎麼樣？工作了嗎？

符太太：她在一家大公司上班，工作穩定，狐狸好。

胡太太：你真有福氣！再過兩年結了分，給你生個斧頭斧腦的大孫子！

符太太：「結了分」？剛剛結婚就分？

這兩位太太，符太太把聲母 f 發成了 h，「福利 (fú lì) 好」說成「狐狸 (hú li) 好」。

胡太太呢？聲母 h 發成了 f，「結婚 (hūn)」成了「結分 (fēn)」。

你或你的家人、好友中有屬虎的嗎？因為廣東話「虎」字聲母是 f，有些香港人也像胡太太那樣，不自覺地把「虎」說成「斧」。

不少字，廣東話是 f，普通話聲母是 h，一不留神就錯了：

「虎 (hǔ) 頭虎腦」成了「斧 (fǔ) 頭斧腦」；

「花 (huā) 開富貴」成了「發 (fā) 開富貴」；

「灰 (huī) 色」說成「啡 (fēi) 色」；

「幾乎 (hū)」說成「肌膚 (fū)」；
「大火 (huǒ)」說成「大佛 (fó)」；
「謊 (huǎng) 言」說成「方 (fāng) 言」；
「葷 (hūn) 菜」說成「分 (fēn) 菜」；
「貨 (huò) 輪」說成「佛 (fó) 輪」。

發 h 時嘴要張開，呈自然的小圓形；發 f 時兩顆門牙會輕輕碰到下嘴唇。

h 和 f 很好發，發不好往往是因為不知道這個字的聲母是哪一個，或是沒留意。那就從現在開始留意吧！「開花」說成「開發」問題不大，「結婚」說成「結分」就太不吉利了！

3分鐘練習

請在括號內寫出下列詞語的聲母。

1. 呼吸（　　）（　　）　　2. 香燻（　　）（　　）
3. 忽略（　　）（　　）　　4. 後悔（　　）（　　）
5. 勳章（　　）（　　）　　6. 束縛（　　）（　　）
7. 昏迷（　　）（　　）　　8. 揮手（　　）（　　）

5. 吃斧頭

表哥利用暑假做暑期工，他覺得工作很累，跟舅舅、舅媽訴苦。舅舅說：「你這不叫幸福，我們年輕時幸福多了！」舅媽也說：「是啊！那不算心服，年輕人吃點兒斧頭有好處。」

廣東話「斧頭」、「苦頭」的發音差不多，普通話卻差遠了。有些字，普通話聲母是 k，廣東話卻是 f，如果普通話學得不好，就會像舅舅、舅媽那樣了。下面這些就很容易說錯：

「苦頭」(kǔ tou) 說成「斧頭」(fǔ tou)

「辛苦」(xīn kǔ) 說成「心服」(xīn fú)、「幸福」(xìng fú)

「苦力」(kǔ lì) 說成「福利」(fú lì)

「訴苦」(sù kǔ) 說成「素服」(sù fú)

「款項」(kuǎn xiàng) 說成「反向」(fǎn xiàng)

「闊 (kuò) 佬」說成「富 (fù) 佬」

「吳哥窟」(Wúgēkū) 說成「吳哥夫」(wúgēfū)

請正在看這本書的你，發一下聲母 f。是不是發音之前門牙會輕輕地碰到下嘴唇？那就對了！

發 k 呢？因為嘴要微微張開，門牙根本不會碰到嘴唇。

發 k 時還要注意，舌頭要往後縮。再就是 k 是送氣音，會有很強的氣流從口中送出，特點很明顯。

f 和 k 發音並不難，只要特別留意那些聲母是 f 和 k 的字就行了。

3分鐘練習

句子中的粗體字聲母是什麼？把聲母是 f 的字加橫線，聲母是 k 的字圈起來。

1. 表哥是研究**科**學的，業餘也喜歡鑽研**佛**學。
2. 他把世界名勝「吳哥**窟**」說成了「吳哥**夫**」。
3. 書**庫**裏有空調，很舒**服**。
4. 你第一次用**斧**頭砍柴，讓你吃**苦**頭了。
5. 不能**翻**印政府**刊**印的資料。

6. 有名的大坑

以前有個財主，發不出 h 音。一天，他到一個富翁家赴宴，他一個勁兒拍馬屁：「您是這裏有名的大坑，我一直特別佩服您。」富翁很不高興，又不能發火，就決定整整他。他指着一幅畫着老虎的國畫說：「你說畫得好嗎？」財主連忙說：「勞苦？好哇！我最喜歡勞苦了！那苦頭多棒！」大家笑得前仰後合。

港島天后區有個地方叫大坑，以每年中秋節舞火龍聞名。那麼，普通話「大坑」的「坑」怎麼說呢？是 kēng。財主發不好 h，把「大亨 (hēng)」說成了「大坑」。

有不少廣東話聲母是 h 的字，普通話聲母是 k，如果不注意，很容易錯，像「可口可樂」(kě kǒu kě lè)，廣東話三個字是 h 聲母，普通話三個字是 k 聲母。

假如把「惠 (huì) 贈」說成「饋 (kuì) 贈」絕對沒問題，但是如果把「那是壞 (huài) 車」說成「那是快 (kuài) 車」，可要出人命的！還有一些常常會錯的詞語，如：

把「報刊 (kān)」說成「報憨 (hān)」；

把「健康 (kāng)」說成「健夯 (hāng)」；

把「肯 (kěn) 定」說成「很 (hěn) 定」；
把「大海 (hǎi)」說成「大楷 (kǎi)」。
多說、多練，還要記，分辨 k、h 一點兒不難。

3分鐘練習

句子中的粗體字是錯的，請你把正確的字寫在橫線上，並把它們的聲母寫在括號內。

1. 從另一個角度來說，年輕人吃點兒**虎**頭不是壞事。＿＿＿＿（　　）
2. 學校排球隊奪得校際冠軍，同學們**寬**欣鼓舞。＿＿＿＿（　　）
3. 弟弟很喜歡**哄**龍，特別是暴龍。＿＿＿＿（　　）
4. 那個明星很受歡迎，他一出場便引起了**空**動。＿＿＿＿（　　）
5. 他**好事**成績進步了。＿＿＿＿（　　）＿＿＿＿（　　）

我要學好
普通話
語音篇

7. 著名影星吳金魚

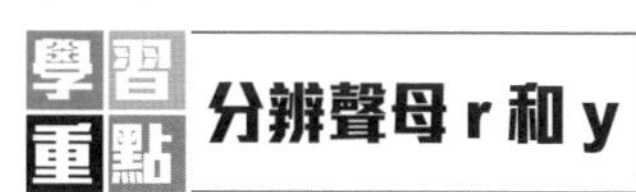
學習
重點
分辨聲母 r 和 y

有一年電視台直播台灣金馬獎頒獎典禮，我不大舒服，但又想看，就躺在牀上「聽電視」。

但我聽得莫名其妙，比如「過繼 (guò jì) 巨星金城武」、「嘉賓吳金魚 (jīn yú)」。還有把「得了大獎 (jiǎng)」說成「得了大掌 (zhǎng)」、「亞洲 (Yàzhōu) 電影」說成「雅築 (yǎ zhù) 電影」、「收 (shōu) 看」說成「修 (xiū) 看」等等。不僅發音不準，語法也錯得一塌糊塗 (yí tà hú tu)。咳！全是香港明星說的。

這裏只談聲母 r 和 y。把影星「吳君如」的「如」(rú) 說成「魚」(yú)，是受廣東話影響。y 實際上是 i，發音時舌頭是平的；r 是翹舌音，發音時舌尖要稍微翹一翹。廣東話沒有翹舌音，故此不少人發這個音時舌頭仍是平的，不習慣翹舌。再加上把「君」(jūn) 的韻母發成了 in，吳君如就變成「吳金魚」了。

把 r 錯說成 y 還有一個很典型的例子，就是「金融」這個詞。「融」(róng) 音同「容」，聲母 r。如果說「融」時舌頭是平的，很容易發成 yóng。假如聲調也錯了，聽起來好像在說「庸」(yōng)，「金融風暴」就成了「金庸風

ao an ü k ou

暴」。

以上說的都是錯誤例子，有沒有說得好的？有！頒獎典禮上，陳可辛、「吳金魚」夫婦的普通話就很不錯。

3分鐘練習

一、句子中的粗體字聲母是什麼？把聲母是 r 的字加橫線，聲母是 y 的字圈起來。

1. **姚**先生和**饒**先生是好朋友。
2. 她上午練**瑜**伽，下午讀**儒**家著作。
3. 他倆同**日**生日，兩家的家長同**意**他們一起過生日。
4. 沒有發現他的**日**常生活有**異**常現象。

二、先找出聲母是 r、y 的字，在字的上面寫出聲母，再快讀句子。

他買了一本日本書。

8. 住「四季酒店」還是住「世紀酒店」？

學習重點　分辨翹舌音、平舌音

有一天，課間休息的時候，學生志豪的手機響了，是朋友從台灣打來的。志豪告訴我，他的朋友要來香港出差，住四季酒店，到時候要跟他見面。志豪擔心無法跟台灣朋友準確溝通，特別問了我幾個字的讀法，其中包括「四季酒店」這幾個字。

我問志豪他的朋友多大，志豪說跟他差不多。我想：四季酒店非常貴，志豪的朋友那麼年輕，按理說職位不會太高，公司不會讓他住這種高級酒店吧？我很想讓他再問清楚。但又一想：不應該年齡歧視，可能人家年輕有為，真的職位很高也說不定，就沒把我的疑慮說出來。

怎知過兩天志豪告訴我，他的朋友不是住四季酒店，而是謝菲道那家「世紀香港酒店」。我的猜測是對的！

把「世紀」、「四季」弄混有兩點巧合：一是「紀」和「季」在普通話中是同音字，發音一樣，都是 jì；二是「世」和「四」的聲調都是第四聲。所以這兩個字很容易弄混。

「世」和「四」的不同之處是聲母。「世」(shì) 的聲

母是翹舌音 sh，「四」(sì) 的聲母是平舌音 s。不少台灣人把翹舌音 (即 zh、ch、sh、r) 發成平舌音 (即 z、c、s)，所以造成這次誤會。不少港人也發不好平舌音，像把「工作」(gōng zuò) 說成「工卓」(gōng zhuó)、「從來」(cóng lái) 說成「蟲來」(chóng lái)、「雜誌」(zá zhì) 說成「炸誌」(zhá zhì)、把「海底隧 (suì) 道」說成「海底睡 (shuì) 道」。

發平舌音比較麻煩，要注意以下幾點：一是嘴型，嘴是扁的，嘴角向兩邊展開。二是開口度，因為嘴是扁的，因此開口度非常小。三是舌位，發音之前舌尖抵住上齒背靠上一點兒。平舌音開口度非常小，是摩擦音，這個特點很明顯。至於發翹舌音則舌尖要微微上翹，嘴張開。

大家可以做個實驗：把掌心放在離嘴約 3 厘米處，先發 zh，再發 z，你會感覺到發 z 時氣流比發 zh 的時候強得多。

3分鐘練習

一、先查字典為下列各詞語注音，然後讀一讀，體會翹舌音、平舌音發音的不同。

1. 私人（　　　　　）——詩人（　　　　　）
2. 商業（　　　　　）——桑葉（　　　　　）
3. 贊助（　　　　　）——站住（　　　　　）

4. 三成（　　　　　　）——三層（　　　　　　）

5. 吃飯（　　　　　　）——粢飯（　　　　　　）

6. 主婦（　　　　　　）——祖父（　　　　　　）

二、熟讀繞口令

Sì shì sì　shí shì shí
四是四，十是十。

Sì shí hé shí sì
四十和十四，

shí sì hé sì shí
十四和四十。

Yào xiǎng shuō hǎo sì hé shí
要想說好四和十，

dà jiā dìng yào duō shì shi
大家定要多試試。

ao an ü k ou

9. 人心燉雞

學習重點　分辨翹舌音、舌面音

我們先來做個小測驗：用很快的速度說出「我想打折」。如果你說對了，恭喜你！如果你說成了「我想打劫」，就說明你的翹舌音（即 zh、ch、sh、r）有點兒問題。

因為廣東話沒有翹舌音，所以好多人都說廣東人發不好翹舌音。理論上是這樣的沒錯兒 (méi cuòr)，但事實並非如此。

受廣東話影響，不少人把翹舌音發成舌面音（即 j、q、x）。舌面音發音之前舌尖放在下齒背，發音時舌頭同時往後、往下。而發翹舌音時舌尖要微微翹起來。

廣東人常把翹舌音發成舌面音，不是發不好翹舌音，而是根本不知道這個字是翹舌音。一旦知道是翹舌音，大部分人都能準確發音。

我們可以做個實驗：找個不會普通話的人，讓他用普通話說「灣仔會展 (zhǎn)」，假如他說成了「灣仔會剪 (jiǎn)」，你告訴他說「展」字的時候把舌尖翹起來。我的經驗是絕大多數能發得很好。這類例子還有：

班長 (bān zhǎng)——頒獎 (bān jiǎng)

人參 (rén shēn)——人心 (rén xīn)

開窗 (kāi chuāng)——開槍 (kāi qiāng)

制度 (zhì dù)——季度 (jì dù)

質量 (zhì liàng)——劑量 (jì liàng)

希望 (xī wàng)——失望 (shī wàng)

叉燒 (chā shāo)——插銷 (chā xiāo)

「插銷」這個詞有兩個意思，一是鎖門用的金屬閂 (shuān)，例如：「插銷壞了，廁所門關不上。」另一個是「插頭」，就是電器導線的一端，插到插座上的那個東西，每家都有。

總的來說，分辨翹舌音、舌面音要抓住竅門：一上一下——翹舌音舌在上、舌面音舌在下。

3分鐘練習

一、先查字典為下列各詞語注音，然後讀一讀，體會翹舌音、舌面音發音的不同。

1. 打折（　　　　　）——打劫（　　　　　）
2. 主機（　　　　　）——組織（　　　　　）
3. 排斥（　　　　　）——排氣（　　　　　）
4. 升職（　　　　　）——升級（　　　　　）
5. 雜技（　　　　　）——雜誌（　　　　　）

二、熟讀繞口令。

Xī shī sǐ shí sì shí sì
西 施 死 時 四 十 四。

10. 普林斯頓大學面子大

學習重點 分辨平舌音、舌面音

有一年秋天，我在美國參加當地旅遊團遊覽了美國東部幾個城市。團友來自不同的地方，導遊自然說英語和普通話。美女導遊是香港移民，說一口漂亮的英語。普通話呢？作為香港人來說，她已經說得非常好了，但仍免不了犯廣東人說普通話常犯的錯誤。

比如參觀普林斯頓大學的時候，她想說學校「面積 (miàn jī) 大」，卻說成了「面子 (miàn zi) 大」。普林斯頓是名牌中的名牌，出過美國總統，當然「面子大」了！

這是典型的平舌音（即z、c、s）、舌面音（即j、q、x）不分的例子。發平舌音時舌尖在上面（上齒背），發舌面音時舌尖在下面（下齒背）。口型方面，平舌音嘴型是扁的，嘴角向兩邊展開；舌面音嘴型跟露齒微笑相似。平舌音因為開口度很小，發音時氣流受阻，發出的音是摩擦音，是噪音；舌面音則沒有這個問題。

不少廣東人發不好平舌音，一個原因是受廣東話影響，但也有另外一個可能，就是發平舌音比較麻煩，要顧及的東西比較多，其實稍微留意一下就行了。提醒大家，「面子」的「子」應該唸輕聲。

把平舌音錯誤發成舌面音的例子還有不少，如把「去寺院 (sì yuàn) 出家」變成了「去妓院 (jì yuàn) 出家」、「爸爸去大陸投資 (tóu zī)」說成「爸爸去大陸投機 (tóu jī)」、「老師發資料 (zī liào)」說成「老師發雞料 (jī liào)」等等。

還有一些常見的、把舌面音錯發成平舌音的例子：

把「西 (xī) 瓜」發成「絲 (sī) 瓜」；

把「烤玉米要包上錫 (xī) 紙」發成「烤玉米要包上撕 (sī) 紙」；

把「告訴你一個喜 (xǐ) 訊」發成「告訴你一個死 (sǐ) 訊」；

把「棋 (qí) 盤」發成「瓷 (cí) 盤」。

大家要注意呀！

再跟大家說一個有關舌面音、平舌音不分鬧出的笑話：

齊太太去A市，住在金太太家。齊太太主動幫金太太帶孩子、做家務。一天，金太太下班回家，齊太太對她說：「屋子打掃了、飯做好了，孩子也死了，老二先死，老大後死，兩個孩子都死了。金先生也回來了，仁慈了，可以吃飯了。」金太太一聽，嚇得暈了過去。

ao

an

ü

k

ou

3分鐘練習

一、在文章結尾的笑話中，齊太太哪幾個字説錯了？圈出話中錯誤的地方，把正確的字和它的聲母寫在旁邊，然後讀一讀句子。

二、先查字典為下列各詞語注音，然後讀一讀，體會舌面音、翹舌音和平舌音發音的不同。

1. 主力（　　　　）——舉例（　　　　）——阻力（　　　　）
2. 細節（　　　　）——四節（　　　　）——季節（　　　　）
3. 小説（　　　　）——少説（　　　　）——早説（　　　　）
4. 贊助（　　　　）——站住（　　　　）——建築（　　　　）
5. 第幾（　　　　）——弟子（　　　　）——地址（　　　　）

11. 為什麼發不好 e？

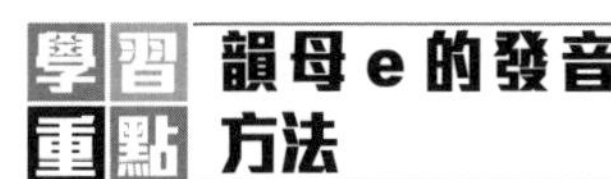

e 是單韻母。和其他單韻母相比，e 很容易出錯。

發 e 時口型中等，嘴是半開合的。口型還不是主要的，不少人 e 發不好的主要原因是舌位不對。比如受廣東話影響把「車」(chē) 發成「切」(qiē)，主要是舌頭抬得太高了，太靠前了。

發 e 時舌頭要往下，同時還要向後一點兒。

舌頭太往前了會有什麼後果？後果是：「舌頭」(shé tou) 聽起來就跟「石頭」(shí tou) 差不多，「紅色 (sè)」就像「紅四 (sì)」。

還有人把「車」(chē) 發成 chēr，e 變成了 ēr。我在糾正學生這個錯誤的時候，不少學生反問我：「車」不是翹舌音（即 zh、ch、sh、r）嗎？

其實，聲母是聲母，韻母是韻母。雖然聲母 ch 是翹舌

音，但發完 ch 之後，舌頭要放下來！好，現在馬上練一練：

很熱 (hěn rè)	徹底 (chè dǐ)
記者 (jǐ zhě)	奇特 (qí tè)
舌頭 (shé tou)	社會 (shè huì)
快樂 (kuài lè)	黃河 (Huánghé)

3分鐘練習

先把下列詞語中韻母是 e 的字圈起來，再讀一讀。

廁所	拉扯	遮住	蛇羹
折紙	負責	棕色	側面

12.「通訊」、「通信」發音不一樣

學習重點	韻母 ü 的發音方法

撮口呼韻母 ü 其實不難發，你會吹口哨嗎？對了！把嘴像吹口哨一樣撮成小小的就行了。

為什麼有的人會發錯呢？大致有兩個原因：一是不知道這個字含韻母 ü，知道了往往不會錯；二是發音時嘴巴不夠小，特別是福建籍人士。

所有聲母、韻母中，ü 的口型是最小的，好多人這個音發得不準是因為口型太大了。如果嘴角向兩邊展開，就像 i，「買了大魚 (yú)」聽起來就像「買了大姨 (yí)」，「通訊 (tōng xùn)」就像「通信 (tōng xìn)」，

u 也是小嘴，但口型比 ü 大一點兒，發 u 時嘴型幾乎是圓的，只留一個小圓孔，是小圓嘴。ü 則是小扁嘴。發 u 時嘴唇向外突得很厲害，ü 則不會。舌位方面，發 u 時舌頭要向後縮，ü 不用。不信大家試試：綠 (lǜ) 燈——路 (lù) 燈、紀律 (jì lǜ) ——記錄 (jì lù)。

再舉幾個含 ü 音而又容易讀錯的例子：

句 (jù) 號——記 (jì) 號

呂 (Lǚ) 老師——李 (Lǐ) 老師

試卷 (shì juàn)——事件 (shì jiàn)
很有趣 (qù) 味——很有氣 (qì) 味
絕對 (jué duì)——結隊 (jié duì)
運輸 (yùn shū)——印書 (yìn shū)
注意：只有跟 n 和 l 相拼時，ü 上兩點兒才保留。

3分鐘練習

從 ü 行韻母中選出適當的韻母填在方格內。可借助字典。

例：

üan
圓

ü 行韻母：ü、üe、üan、ün

1. 聚	2. 遇	3. 裙	4. 約	5. 遠
6. 軍	7. 續	8. 雲	9. 泉	10. 雪

我要學好
普通話
語音篇

13. 大埔火車站成了「代步火車站」

學習重點
分辨韻母 a、ai

小妹：媽媽，我們學校下星期去元朗文天祥公園。

媽媽：我知道，在新田。那去大夫第嗎？

小妹：帶夫第當然要去了。

媽媽：注意你的發音。你們去多少人？

小妹：全年級都去，一八多人呢！

媽媽：你的老毛病又犯了！誰是領隊？

小妹：罵校長！

媽媽：（歎氣）你真是沒救了！

受廣東話影響，廣東人發韻母 a 的時候，總愛帶個小尾巴，就像小妹那樣，把「大 (dà) 夫第」發成「帶 (dài) 夫第」。

a 是所有聲母、韻母中口型最大的。小時候去看病，醫生檢查嗓子的時候，會不會讓你發「阿」的音？對！差不多就是這樣。

怎麼才能發得好呢？要在口型最大的時候停止發音，然後閉嘴。如果在閉嘴的過程中聲音沒有完全停止，就成了 ai。所以千萬不要拖泥帶水留尾巴！

ao an ü k ou

如果有個小尾巴，就會出現這種情況：

「大暑」(dà shǔ) 成了「袋鼠」(dài shǔ)

「大樹」(dà shù) 成了「代數」(dài shù)

「大埔 (Dàbù) 火車站」成了「代步 (dài bù) 火車站」

還有一種情況正好相反，ai 發不好。ai 是複韻母，由 a 到 i 口型由大到扁有一個動程。小妹受廣東話影響，沒有這個動程，i 沒發出來。結果：「麥 (Mài) 校長」成了「罵 (mà) 校長」；「一百 (bǎi)」變成「一八 (bā)」。其他的例子還有：

「節拍 (pāi) 」成了「節趴 (pā)」；

「拆 (chāi) 除」成了「叉 (chā) 除」；

「白色 (bái sè)」成了「巴西 (Bāxī)」。

3分鐘練習

先從甲部選一個詞語寫在適當的橫線上，再從乙部選一個相配的拼音寫在括號內。

甲部	大人 / 帶頭 / 埋了 / 帶魚 / 大頭 / 大壩 / 帶人 / 麻了 / 大魚 / 大敗
乙部	dài yú / dà bài / dà rén / dài tóu / má le / dà yú / dà bà / dài rén / mái le / dà tóu

1. 項羽 __________（　　　　）,退到江邊。
2. 媽媽買了一條 __________（　　　　）,魚頭很大。
3. 王先生 __________（　　　　）捐款。
4. 爸爸叮囑我不要隨便 __________（　　　　）回家。
5. 他保持一個姿勢太久了,腿都 __________（　　　　）。

14. 耐心 VS 內心

香港不少人經常去內地出差，但有相當一部分人說不好「內地」這個詞，結果變成了「我去了**耐**地」。

「內」(nèi) 和「耐」(nài) 的聲母都是 n，聲調都是第四聲，只有韻母不同，「內」的韻母是 ei，「耐」則是 ai。

廣東人常常把 ei 錯發成 ai，結果往往把「有教無類」(yǒu jiào wú lèi) 說成「有教無賴」(yǒu jiào wú lài)；把「他內 (nèi) 心很痛苦」說成「他耐 (nài) 心很痛苦」；把「雷 (léi) 電交加」說成「來 (lái) 電交加」。

其實，韻母 ei 一點兒也不難發，大家只是不習慣罷了。ei 和 ai 都是以扁嘴的 i 收音，也就是說，它們結尾時的音是一樣的，只不過一開始時發音不同。

教大家一個簡單的方法：發 ai 時先張大嘴發音，然後嘴型慢慢滑向扁嘴的 i，口型由大到扁；發 ei 起音時嘴型半張半合，然後慢慢滑向扁嘴的 i。也就是說，起音時 ai 嘴大，ei 嘴小。

現在我們馬上實踐一下吧！看着拼音讀下列詞語，留意它們發音的異同，並把同音字找出來：

美麗 (měi lì)——魅力 (mèi lì)——賣力 (mài lì)

北部 (běi bù)——百步 (bǎi bù)——擺布 (bǎi bu)

北極 (běi jí)——百集 (bǎi jí)——八集 (bā jí)

不敗 (bú bài)——不背 (bú bèi)——不配 (bú pèi)

排戲 (pái xì)——派系 (pài xì)——配齊 (pèi qí)

3分鐘練習

一、先查字典為下列粗體字注音，然後快讀繞口令。

1. 我用**美金**（　　　　）去**買金**（　　　　），買金之後沒美金。
2. 這個**小妹**（　　　　）她姓麥，**小麥**（　　　　）還有小妹妹。

二、先查字典為下列各詞語注音，然後讀一讀，體會 ai 和 ei 發音的不同。

1. 分派（　　　　）——分配（　　　　）
2. 想來（　　　　）——響雷（　　　　）
3. 給了（　　　　）——改了（　　　　）
4. 成倍（　　　　）——成敗（　　　　）
5. 奈何（　　　　）——內河（　　　　）

15. 紐約是國際大刀會

有一年我去紐約，參加了當地的旅遊團。美女導遊是香港來的，廣東人，她在介紹紐約時，說「紐約是國際大刀會」。這是廣東人常犯的錯誤：u、ao 混淆。

「都」和「刀」的聲母都是 d，聲調也一樣，都是第一聲，只有韻母不同。導遊把「都」的韻母 u 發成了 ao，紐約就成了「大刀會」。大刀會是清朝民間武術團體。

其實 u 和 ao 不難區分，u 是小圓嘴，ao 是大圓嘴，一大一小很明顯。說錯了，是因為把這兩個音弄混了。

有相當一部分字，廣東話發音口型小，普通話發音口型大，比如過年時買的「桃 (táo) 花」，發普通話「桃」這個音要張大嘴，不少人受廣東話影響說成「圖 (tú) 花」，就是因為沒有張大嘴。還有的正好相反，再舉幾個例子：

「首都 (shǒu dū)」說成「手刀 (shǒu dāo)」；

「討 (tǎo) 論一下」說成「土 (tǔ) 論一下」；

「貿 (mào) 易」說成「木 (mù) 易」；

「導 (dǎo) 演」說成「度 (dù) 演」。

這裏牽涉到「記音」問題——有些字，本身發音並不難，但要花些時間記一記這個字到底怎麼讀，也就是它的

發音特點、它的聲母和韻母是什麼。除了本篇談到的這些字，練習中也有一些，大家可以記一記。

3分鐘練習

一、下列詞語中的粗體字，哪些韻母是 u，哪些是 ao? 把它們分別寫在適當的橫線上。

早先——**祖**先	**堵**車——**倒**車
國**度**——國**道**	**跑**步——**瀑**布
出場——**操**場	**補**了——**飽**了

u：________________________________

ao：________________________________

二、先找出韻母是 u、ao 的字，在字上面標出韻母，再讀一讀句子。

馬京濤感冒了，但仍在圖書館跟好友討論問題，他們對恐怖分子的暴力行為感到很憤怒。

16. 我們一起下流吧！

學習重點 分辨韻母 iu (iou)、ou

在一所大學裏，老師手裏拿了好多東西走進電梯，一個學生想幫老師摁 (èn) 電梯，他問道：「老師，您幾流？」當他知道老師想去的正好跟他是同一層時，他很有禮貌地說：「我也去那一層，老師，我們一起下流吧！」

這可是我的親身經歷。我很想說「我是一流的」，可惜我很少要去一樓。於是我常常變成「三流」的甚至「九流」的，還要跟學生一起「下流」，真是哭笑不得！

把「下樓 (lóu)」說成「下流 (liú)」，是因為把韻母是 ou 的「樓」發成了韻母是 iu (iou) 的「流」。

常見的錯誤還有：

「劉 (Liú) 德華」說成「婁 (Lóu) 德華」；

「去酒樓 / 去九樓」(jiǔ lóu，「酒、九」同音) 說成「去酒流 / 去九流」(jiǔ liú)，「上樓的人」說成「上流的人」。

上述幾個錯音通過結合上文下理還能猜得出來，但是把「你樓 (lóu) 下等我」，說成「你留 (liú) 下等我」就會誤事。老闆讓秘書到樓下等他，卻說成「你留下等我」，老闆到了樓下，連秘書的影兒也看不見，原來她還在樓上

傻等着 (shǎ děng zhe) 呢！但是這怪誰呢？

廣東話「流、劉、留、樓、婁」同音，有的人就誤以為普通話「樓」和「流」同音。其實普通話只有「流、劉、留」同音，「樓、婁」是另一個音。一旦弄明白了，發音就沒問題了。

3分鐘練習

先找出韻母是 iu (iou)、ou 的字，在字上面標出韻母，再讀一讀句子。

1. 柳小九家中養了一隻小狗。

2. 在主樓前的草坪上，小劉摟着女朋友歐陽秀在漫步。

3. 他們去酒樓喝茶，吃了韭菜餃、牛肉球，又叫了一盤菜。

ao an ü k ou

17. 老師，我請您吃糞

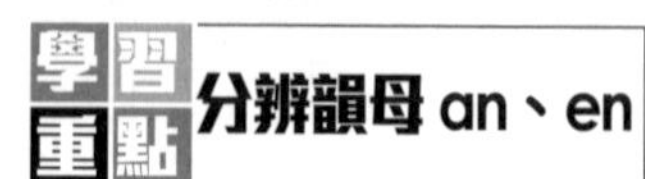

我有一位教師朋友，他的學生想請他吃飯，結果說成「老師，我請您吃糞。」

「飯」(fàn) 和「糞」(fèn) 的韻母都是前鼻音。把「吃飯」說成「吃糞」，問題出在開口度上。a 開口度大，e 開口度小；a 基本上口型是圓的，e 口型相對來說比較扁。

港人學普通話，相當一部分人發音不準不是因為不會發，而是因為懶——口型該大的不大，該小的不小，該扁的又不夠扁。這樣一來，輕則發音不到位，重則把字都說錯了。

記住，a 是普通話韻母中口型最大的，見到它就不要太斯文 (sī wén)，要把嘴張開。

人們常常會出於本能發 a 這個音，正在路上走着，突然，一隻老鼠躥 (cuān) 出來，相信大多數人都會張嘴「啊」(a) 一聲驚叫 (jīng jiào)，而不會發出「衣」(i)、「烏」(u) 的聲音。嬰兒出世，發出的第一個聲音也多半是「媽」(mā)，全世界都一樣。所以，這個音一點兒都不難發，關鍵是你肯不肯張嘴。

大家現在來試一試：稍微張開嘴說「華盛頓砍 (kǎn)

櫻桃樹」，聽起來像什麼？對了！像是在說「華盛頓啃(kěn)櫻桃樹」。「砍」的韻母是 an，嘴要張開，如果嘴巴太緊，張不開，聽起來很像「啃(kěn)櫻桃樹」。

3分鐘練習

句子中的粗體字是錯的，請把正確的字寫在橫線上，並把它們的漢語拼音寫在括號內。

1. **身**高路遠，你路上小心！ ________ (　　　　)
2. 這正是你**濕疹**抱負的地方。 ________ (　　　　)
3. 你想**門**天過海？沒那麼容易！ ________ (　　　　)
4. 我們家做飯用天**人**氣。 ________ (　　　　)
5. 爸爸昨晚睡得很沉，一夜沒**分**身。 ________ (　　　　)

18. 他家養了一缸鯨魚

假如聽到這樣一則徵婚廣告，你會有什麼想法？

男，外貌陰氣逼人，任職海鹽公園，工作陳舊不容置疑，業餘喜愛收集舊牆壁、養鯨魚，擅談情。望與志同道合女子結為人參伴侶。

你一定會說：神經病！對，如果前後鼻音亂了，就會發生這種事。我們來看看：

陰 (yīn) 氣逼人 → 英 (yīng) 氣逼人

海鹽 (yán) 公園 → 海洋 (yáng) 公園

工作陳舊 (chén jiù) → 工作成就 (chéng jiù)

收集舊牆壁 (qiáng bì) → 收集舊錢幣 (qián bì)

養鯨 (jīng) 魚 → 養金 (jīn) 魚

擅談情 (tán qíng) → 擅彈琴 (tán qín)

人參 (shēn) 伴侶 → 人生 (shēng) 伴侶

這則徵婚廣告是個笑話，但是我真的曾經在電台聽到過「多放點兒痰（糖）」、「沉（乘）船遊三峽」之類的——前後鼻音問題還真不能忽視。其他容易錯的還有：

「改革開放 (fàng)」說成「改革開飯 (fàn)」；

「唐 (Táng) 先生」說成「譚 (Tán) 先生」；

「主場聲勢 (shēng shì)」說成「主場身世 (shēn shì)」；「她不信 (xìn)」說成「她不幸 (xìng)」等。

3分鐘練習

把正確答案圈起來。

1.「中華人民共和國」中的「民」是哪個韻母？

A. i　　B. in　　C. ing

2. 下面哪個字的韻母是前鼻音？

A. 聯　　B. 狼　　C. 梁

3.「rén shēn」是下面哪個詞的拼音？

A. 人參　　B. 人生　　C. 人心

4. 哪一個是「譚先生」的拼音？

A. Tāng xiān sheng

B. Táng xiān sheng

C. Tán xiān sheng

5. 哪兩個詞語兩個字的韻母都是後鼻音？

A. 讚頌　　B. 贈送　　C. 葬送

19.「他好帥」成了「他好衰」

介音

我有個學生叫張帥，是從北京來的，他說有廣東話為母語的老師叫他「裝帥」，有的還叫他「張衰」。

這是個很好的例子，很有代表性，是香港人常犯的錯誤。

把張帥說成「裝帥」是韻母錯了。「張」(Zhāng) 韻母 ang，「裝」(zhuāng) 韻母 uang，常有人弄混。ang 和 uang 就差一個介音 u。什麼是介音呢？「天」(tiān) 中間的 i、「裝」(zhuāng) 中間的 u 就是介音。不是所有的字都有介音，像「大」(dà)，就沒有介音。

該發 uang 卻把 u 丟了；該發 ang 卻亂加 u，都是不對的。

發「張」的時候，發完聲母 zh 馬上張大嘴發 ang。發「裝」呢，發完聲母 zh 之後要先發 u，然後再張大嘴發 ang，口型是先小後大。當然，這一連串的動作不能斷，是連貫進行的。

「裝帥」的字面意思相當於廣東話「扮有型」，名字是父母起的，張帥同學真冤枉。類似問題還有「商 (shāng) 人」說成「雙 (shuāng) 人」等。

至於把張帥說成「張衰」則是一、四聲不分，是廣東人學普通話的「死穴」。「帥」(shuài) 是第四聲，「衰」(shuāi) 是第一聲。類似問題還有把「出嫁 (jià)」說成「出家 (jiā)」。

不少人容易把介音弄丟，像把「廣 (guǎng) 告」說成「港 (gǎng) 告」、「玩耍 (shuǎ)」說成「玩傻 (shǎ)」。我以前的同事楊鳳玲老師介紹的反切連讀法，對讀準含有介音的字很有幫助。簡單來說，就是把一個字分成兩個字，然後連讀。像「抓」字，傳統方法是聲韻相拼，zh—uā → zhuā，即知蛙 → 抓，楊老師的方法是 zhu—uā → zhuā，即朱蛙 → 抓。讀者們不妨試一試：gu—uǎng 姑往 → guǎng 廣；shu—uǎ 書瓦 → 耍 shuǎ。

一、為下面的詞語選出拼音，把代表正確答案的英文字母圈起來。

1. 小鳥（A. xiǎo nǎo / B. xiǎo niǎo ）
2. 創意（A. chuàng yì / B. chàng yì ）
3. 雙行（A. shāng háng / B. shuāng háng ）
4. 姓張（A. xìng Zhuāng / B. xìng Zhāng ）
5. 但是（A. dàn shì / B. diàn shì ）

二、張先生普通話不好，結果鬧出了笑話，他哪些字說錯了？圈出話中錯誤的地方，把正確的字和它的拼音寫在上面，然後讀一讀句子。

張先生向酒店經理投訴說：「為什麼不給我傷人牀？你們這裏的娼婦太小了，房間鋼線又不足。服務太差了！」

20. 小松鼠 VS 小松樹

掌握第三聲

香港人學普通話，好多人聲母、韻母都過關了，就是聲調「久攻不下」，變成了「老大難」問題。常見的有一、四聲不分及第三聲發不好等。

第三聲的特點是先下後上，我開玩笑說是「拐彎 (guǎi wānr) 音」。港人第三聲發不好有幾種情況：

1. 讀成了半三聲，也就是「沒拐彎」。假如第三聲字處在詞語之中第一個字的位置，比如「網站」(wǎng zhàn)，實際情況下「網」字應該讀成半三聲，不用「拐彎」。

但是如果詞語的最後一個字是第三聲字，比如「互聯網」(hù lián wǎng)，原則上應該讀成全三聲，可是在實際生活中往往讀不了全三聲，特別是說話快的時候。

但是考試朗讀單音節詞語時，一定要讀全三聲。雙音

節和多音節詞語最後一個字是第三聲的話，也應該讀全三聲。這一點要切記。

2. 往下降的幅度 (fú dù) 不夠，而「拐彎」之後聲音拉得太長，聽起來就像第二聲，比如想說「好」(hǎo)，聽起來卻像「豪」(háo)。

3. 矯枉過正 (jiǎo wǎng guò zhèng)，拐了兩個彎。

4. 往下降的時候故意拉長音，很不自然。

3分鐘練習

先查字典，為下面的詞語注音，然後讀一讀，體會第三聲的唸法。

1. 鮑魚（　　　　　　）——暴雨（　　　　　　）
2. 指責（　　　　　　）——職責（　　　　　　）
3. 合理（　　　　　　）——合力（　　　　　　）
4. 意外（　　　　　　）——以外（　　　　　　）
5. 松鼠（　　　　　　）——松樹（　　　　　　）

21.「報道時事」還是「報道失實」？

普通話 shi 這個音有不少字，而且都是常用字，比如「是」(shì) 字。大家可以利用 shi 這個音來訓練四個聲調。

我們先來讀一讀下面這些字：

第一聲 shī：濕、施、失、詩、師

第二聲 shí：十、實、識、時、蝕

第三聲 shǐ：使、史、屎、始、駛

第四聲 shì：室、飾、釋、誓、侍

要特別留意與廣東話音相差很遠的字，如「濕」、「實」。

讀得差不多了，就可以讀詞語了，這些詞語是按四聲搭配組合的：

時事 (shí shì)、事實 (shì shí)、時勢 (shí shì)

實施 (shí shī)、史實 (shǐ shí)、史詩 (shǐ shī)

世事 (shì shì)、失勢 (shī shì)、試試 (shì shi)

石獅 (shí shī)、逝世 (shì shì)、時時 (shí shí)

十時 (shí shí)、適時 (shì shí)、失實 (shī shí)

石室 (shí shì)、失時 (shī shí)、事事 (shì shì)

以上這些詞語看着很難，其實它們來來去去都是 shi

音，多讀幾遍就行了。否則把「她報道時事」說成「她報道失實」；把「他失勢了」說成「他逝世了」麻煩可就大了！我們可要「實事求是」(shí shì qiú shì) 啊！

3分鐘練習

一、參照例題，在橫線上寫出兩個與下列拼音相符的詞語。

例：shí shí ＿十時＿ ＿時時＿

1. shì shí ＿＿＿＿ ＿＿＿＿
2. shí shì ＿＿＿＿ ＿＿＿＿
3. shī shì ＿＿＿＿ ＿＿＿＿

二、熟讀繞口令。

Shí shì yīng gāi shì shì shí
時事應該是事實，

shǐ shī yīng gāi shì shǐ shí
史詩應該是史實。

Shí shī bú huì qù shì shī
石獅不會去誓師，

xiǎng shí shī yào gàn shí shì
想實施要幹實事。

22. 今天是學校的蝙蝠日

小芬：媽媽，明天是學校的蝙蝠日，我穿什麼衣服好呢？

媽媽：你老毛病又犯了，注意第四聲！穿舅媽送你那件吧。

小芬：那件短修修花襯衫嗎？好哇！

媽媽：是便服日、短袖、繡花。真是的！

小芬：對不起！下面穿牛仔褲、暈冬鞋好不好？

媽媽：天哪！你的病越來越嚴重了！

小芬的老毛病是什麼？想必大家已經猜到了——就是一、四聲不分。

不少廣東人學普通話，聲母、韻母都沒問題，就是聲調老是不對。就拿小芬的這個笑話來說，有的人老是一、四聲混淆，其中大多數是把第四聲發成了第一聲。所以「便服」(biàn fú) 就成了「蝙蝠」(biān fú)，「運動 (yùn dòng) 鞋」就成了「暈冬 (yūn dōng) 鞋」。

為什麼會這樣？其實普通話四個聲調各有不同的調值，調值中，5 表示最高音，1 是最低音。而第四聲的調值是 51，也就是從 5 到 1，從高音急促地往低音掉，我開

玩笑說是「跳樓音」。廣東話雖然有 9 個聲調，但是沒有跨度這麼大的，所以廣東人不習慣。普通話第一聲的調值是 55，從 5 到 5，又高又平，沒有變化，相對來說比較容易，所以就容易把第四聲錯發成第一聲。

還有就是第四聲發了一半，沒有繼續往下掉，中途「改變方向」變成第一聲。

也許有讀者會說，差不多就行了，幹嗎 (gàn má) 那麼認真。讀讀練習中的詞語你就會知道，有的時候「差一點兒」都不行！

3分鐘練習

句子中的粗體字是錯的，請把正確的漢字寫在括弧內，再標出聲調，然後讀一讀句子，分辨一、四聲。

例：他在**商科**（ˋ上 ˋ課）

1. 她因為要出**家**（　　），**推**（　　）出了跳水隊。
2. 我正在**告訴**（　　）公路上。
3. 爺爺**機翼**（　　）力不好，今天又忘了買**包**（　　）紙。
4. 姐姐趁大減價買了**時間**（　　）衣服。
5. 他是**山**（　　）頭人，**擔屍**（　　）不會說潮州話。

23. 坐爛車去山頂

男士：請問去山頂怎麼走？我家住大埔。我知道要先坐貨車到市區，但是到哪兒坐爛車到山頂我就不知道了。

女士：到中環坐。

男士：謝謝你！我要賣票嗎？能用八達通嗎？

女士：您還是注意安全，別坐爛車了。

好多人去山頂會坐纜車，但是大家知不知道，我們香港人愛把纜車說成「爛車」？

「纜」(lǎn) 是第三聲，「爛」(làn) 為第四聲。大概受廣東話影響吧，很多人一開口就是「爛車」，但自己並不知道。

像這樣把第三聲字說成第四聲，或是第四聲說成第三聲的情況還不少。牢記它們的特點就不容易說錯了：第三聲是「拐彎的」，第四聲是「跳樓音」，急速往下墜。再舉幾個容易說錯的例子：

買票 (mǎi piào)——賣票 (mài piào)

十五 (shí wǔ)——食物 (shí wù)

一輛 (yí liàng)——一兩 (yì liǎng)

開始 (kāi shǐ)——開市 (kāi shì)

矚目 (zhǔ mù)——注目 (zhù mù)

逐漸 (zhú jiàn)——竹簡 (zhú jiǎn)

性命攸關，爛車還是不要坐啦！

3分鐘練習

先標出下列詞語的聲調，然後讀一讀，讀的時候要多注意聲調。

例：小ˇ雨ˇ——校ˋ譽ˋ

1. 暴瘦——保守

2. 武力——無理

3. 管理——慣例

4. 舉手——巨獸

5. 大道——大島

24. 李安是大盜演

學習重點　三三連讀常見錯誤

那天聊到電影，有個學生說：「李安是大**盜**演」。又是三三連續變調出了問題——港人學普通話的難點之一。

大家都知道三三連讀要變調，但是好多人沒留意，如果頭一個字沒變調，多半第二個字也會跟着錯（錯讀成第四聲的情況較多）。下面是一些常見的例子：

正讀	錯讀成
雨傘 (yǔ sǎn)	雨散 (yǔ sàn)
舞蹈 (wǔ dǎo)	五道 (wǔ dào)
反響 (fǎn xiǎng)	反向 (fǎn xiàng)
簡短 (jiǎn duǎn)	剪斷 (jiǎn duàn)
領導 (lǐng dǎo)	領道 (lǐng dào)
反腐 (fǎn fǔ)	反覆 (fǎn fù)
手錶 (shǒu biǎo)	手鏢 (shǒu biào)
洗澡 (xǐ zǎo)	洗造 (xǐ zào)

以下這些也有機會讀錯：

正讀	錯讀成
考場 (kǎo chǎng)	烤腸 (kǎo cháng)
導演 (dǎo yǎn)	道演 (dào yǎn)
普洱 (pǔ ěr)	普兒 (pǔ ér)
偶爾 (ǒu ěr)	偶兒 (ǒu ér)
馬場 (mǎ chǎng)	馬腸 (mǎ cháng)
捧場 (pěng chǎng)	捧腸 (pěng cháng)

3分鐘練習

把三三連讀變調的詞語圈起來，然後讀一讀。

粉嶺	網址	導遊	水果	小雪
五件	洗臉	上水	語法	手錶

25.「我覺得」與瞎變調

學習重點 三三連讀常用例子

聽過有人把「我覺得」錯說成 wó juě de 嗎？不信請留意一下周圍，不少人說錯。

「我覺得」是 wǒ jué de，聲調是三二輕，好多人錯說成二三輕。

「我」是第三聲，後面的字如果是第三聲的話，它要變讀成第二聲，比如「我想 (xiǎng) 去」，因為「想」也是第三聲，那麼「我」就必須變調。

大概是對變成第二聲之後的「我」印象太深了吧，好些人不管「我」後邊是第幾聲，「我」一律變調，結果當然是錯了。

「我」、「你」都是第三聲，常用的三三連讀變調組合舉例如下：

我 / 你有、我 / 你也、我 / 你想、我 / 你走、我 / 你請、我 / 你買、我 / 你剪了、我 / 你醒了

「五」和「九」也是第三聲，常用的三三連讀變調組合舉例如下：

五 / 九百、五 / 九把、五 / 九碗、五 / 九朵、五 / 九兩

我們每天都要洗澡，「洗」是第三聲，三三連讀變調

組合舉例如下：

洗手、洗臉、洗腳、洗澡、洗碗

切記，看清楚了才變調！

3分鐘練習

先在字的上面標上聲調，然後讀一讀，注意變調之後的實際讀音，輕聲用•表示。

1. 我昨晚洗澡時沒洗頭。

2. 你如果走，我也走，他呢？

3. 你覺得我買的這把雨傘好看嗎？

4. 媽媽今天買了不少補品給奶奶。

5. 請你給他那個網址。

26. 北京人偏愛第三聲嗎？

有一年我班的學生全是從內地來香港讀大學的，這對我來說是全新的體驗，比如有一位同學問我：「掠奪」的「掠」是第三聲還是第四聲？這使我想起，有些字內地人一直都讀錯了。歸納起來有以下幾類：

把第二聲誤讀成第三聲：

詞語	誤讀	正確讀音
符合	fǔ hé	fú hé
崇拜	chǒng bài	chóng bài
輻射	fǔ shè	fú shè

把第四聲誤讀成第三聲：

詞語	誤讀	正確讀音
高血壓	gāo xuě yā	gāo xuè yā
剖腹產	pōu fǔ chǎn	pōu fù chǎn
一會兒	yì huǐr	yí huìr
複雜	fǔ zá	fù zá
比較	bǐ jiǎo	bǐ jiào

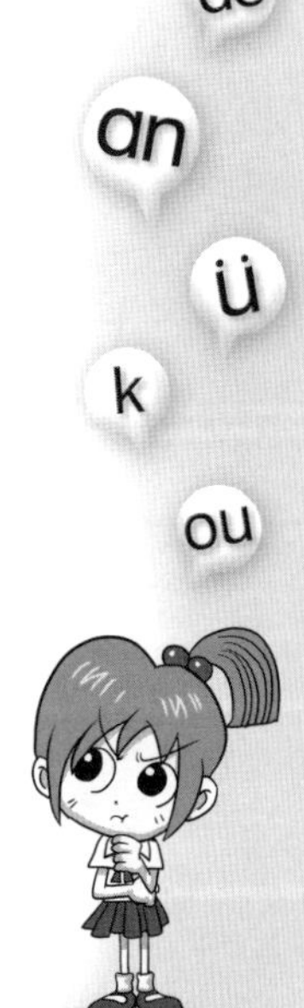

教室	jiào shǐ	jiào shì
亞洲	Yǎzhōu	Yàzhōu
暫時	zǎn shí	zàn shí
圍繞	wéi rǎo	wéi rào

還有少數把第一聲誤讀成第三聲：

詞語	誤讀	正確讀音
細菌	xì jǔn	xì jūn

這種錯誤與知識水平沒有關係，是「全世界」都錯了，我也是來香港教普通話後才改過來的。平時問題不大，考試、比賽可不能錯！

3分鐘練習

把正確答案圈起來。

1. 下面哪一個是「僕人」的拼音？

   A. pǔ rén　　B. pú rén　　C. pú rěn

2. 下面哪一個是「塑料」的拼音？

   A. suò liào　　B. sú liào　　C. sù liào

3. 「友誼」的「誼」是哪一個聲調？

   A. 第二聲　　B. 第三聲　　C. 第四聲

4. 下面哪一詞跟「急病」同音？

A. 疾病　　B. 結冰　　C. 激辯

5. 「jī xíng」是下面哪個詞的拼音？

A. 急性　　B. 執行　　C. 畸形

同音字和多音字

27. 用同音字學普通話

同音字的妙用

都市人生活緊張，有些人不幸得了憂鬱症 (yōu yù zhèng)。「憂鬱」兩字普通話怎麼說？死記硬背 (sǐ jì yìng bèi) 效果並不理想，怎麼辦？同音字能幫上忙。

運用已有知識學習是個好方法，我在教「憂鬱」之前，會問學生普通話「遇到」怎麼說？因為「遇」字粵普讀音差不多，學生基本上都會說。然後我會告訴他們：憂鬱的「鬱」和遇到的「遇」普通話讀音一樣。他們立刻就記住了，而且印象深刻。

用這個方法學習粵普讀音差異 (chā yì) 比較大的字很有用。比如常有航空母艦停泊 (tíng bó) 在香港水域。「艦」字怎麼說呢？我先問你：你會用普通話說「再見」嗎？會說？那就行了！你已經會說「艦」字了！因為「見」和「艦」同音。

當然，有些字的同音字並不是常用字；有些雖然是，卻是多音字，越講越糊塗 (hú tu)，能避就避。但還是可以想想辦法的。冬天女士們喜歡穿靴子 (xuē zi)。「靴」的同音字我選了明星薛家燕的「薛」，這樣就好記了。

3分鐘練習

一、下列哪些是同音字？把它們圈起來。

1. 陰、辛、森、鑫、欣、馨、興
2. 斤、根、錦、巾、筋、甘、勁
3. 代、袋、帶、但、貸、呆、戴

二、回答下列問題，在橫線上寫出答案。

1.「香港水域」的「域」字，與本文哪些字同音？

____

2.「屈原、委屈、屈地街、屈臣氏」的「屈」跟哪些常用字同音？

____

28. 向前看＝向錢看

學習重點　善用同音字

一天，老師在課堂上訓勉學生：「年輕人要向前看。」

沒想到，有個學生回了一句：「老師，那什麼時候給錢呀？」

年輕人要向前看，但是如果用普通話說這句話，就要慎重 (shèn zhòng) 了。因為「前」和「錢」同音，都是 qián，所以「向前看」和「向錢看」發音一樣。如果沒有上文下理參照，還真不知道說的是「前」還是「錢」。

其實也有不少這種情況：廣東話不是同音字，但因為普通話是同音字，而把廣東話說錯了。

有一次，我跟先生和兒子談起人的相貌，說到有的人「眉頭帶箭」，我把「眉頭帶箭」說成了「眉頭帶劍」。為什麼？因為普通話「箭」、「劍」同音，都是 jiàn，我的廣東話又不到家，所以就錯了。

因為普通話「帶」(dài)、「袋」同音，我也曾經把廣東話「皮帶」說成「皮袋」，鬧了笑話。

有個學生把「圖 (tú) 書館」說成「桃 (táo) 書館」。我問為什麼，那個學生說廣東話「圖」和「桃」同音，以為

普通話也是同音字。

因此留意同音字應該是雙向的，不應該是單向的。

3分鐘練習

下列哪些是同音字？把它們圈起來。

1. 氣、廁、次、策、企、擦、刷
2. 融、庸、榮、溶、用、勇、絨
3. 嘯、悄、孝、俏、肅、笑、校
4. 雙、湘、尚、響、霜、商、賞
5. 箭、兼、健、劍、見、薦、件

29. 查字典的神奇功效

利用同音字學普通話事半功倍。

那麼怎樣才能用最快的方法知道哪些字是同音字呢？很簡單，買一本《新華字典》，一本《現代漢語詞典》（商務印書館出版）就解決了。

香港出的字典習慣按部首排列，同一頁上的字，讀音不同。內地的各類字典、詞典習慣按音序排列，相同聲韻母的字排在一起，按一至四聲順序排列。這意味着，在一堆同音字裏，只要會發其中一個字，其他字你都會讀了。

舉個例子：**世**界、形**式**、電**視**、**適**合、**勢**力、**事**件、**柿**子中粗體字廣東話發音有些是不一樣的。但在《現代漢語詞典》中，它們排在一起，拼音都是 shì。你也許會說：我的拼音不好，查了也沒用。別忙！你仔細看看，會發覺「你是誰」的「是」夾雜在其中。什麼意思？現在香港人的普通話水平都提高了，誰不會說「我是 XXX」？只要會唸「是」字，上述粗體字你都會唸！

同理，「**製**作、**置**地廣場、港人**治**港、停**滯**不前、**秩**序井然、**擲**鐵餅、**制**度」都是 zhì，和智慧的「智」、意志的「志」同音。很容易吧？

閒來沒事翻翻《新華字典》，你會發現就像吃串燒一樣，一學學一串，很有成功感！

3分鐘練習

左邊的字與右列哪個字是同音字？把正確答案圈起來。

1. 軒：　A. 牽　B. 宣　C. 賢　D. 選
2. 宏：　A. 洪　B. 橫　C. 黃　D. 網
3. 睛：　A. 晴　B. 晶　C. 靜　D. 景
4. 軍：　A. 棍　B. 郡　C. 俊　D. 均
5. 意：　A. 醫　B. 宜　C. 益　D. 以

30. 同音詞的妙用

大家都知道利用同音字學普通話效果很好。除了同音字，還有同音詞。

大氣預報常有「今天吹微風」，受廣東話影響，「微」字很多人都讀錯了。但是如果知道「微風」跟「威風」(wēi fēng) 同音，事情就好辦了，因為「威」字廣東話跟普通話發音差不多。

每次我一告訴學生它們是同音詞，往往沒等我開口，學生們自己就會說「微風」了，而且發音準，記得牢，真是事半功倍！

這是利用已有知識學習的道理。再舉一例，不少地方有「不准攜帶危險物品」的警告。「攜」字廣東話跟普通話的發音相差很遠，學生很難記住。我先把「攜帶」寫在黑板上，然後就找一位穿運動鞋的同學出來，指着他的鞋問：「他的鞋帶開了嗎？」我要求學生用完整句子回答，他們莫名其妙：「他的鞋帶沒開啊！」然後我指着黑板上的「攜帶」對他們說：「你們說得很好！『鞋帶』跟它同音。」

「鞋」簡單，「攜」難，從「鞋」到「攜」，就簡單多了，

否則要死記「攜」的讀音，也不一定記得住。

提醒大家留意，「鞋帶」(xié dàir) 一般要唸兒化。

類似情況有很多，再舉幾個例子：

繼續 (jì xù)——記敘

晶瑩 (jīng yíng)——經營

益智 (yì zhì)——意志

事例 (shì lì)——勢力

滋事 (zī shì)——姿勢

練習中還有一些，大家可以記一記。

3分鐘練習

為下列詞語選出同音詞，寫在適當的橫線上。

指示　毅力　演示　京戲　地獄　童心

1. 精細：____________　　2. 地域：____________

3. 掩飾：____________　　4. 同心：____________

5. 屹立：____________　　6. 只是：____________

31. 手指=手紙　手紙=廁紙

不少東西 (dōng xi) 香港和內地的叫法不同。今天講講「手指」。

你應該已經猜到了，這個「手指」不是長在我們身上的手指。在內地，「手指」有很多叫法，像優盤、U 盤、閃盤、閃存盤 (shǎn cún pàn) 等。叫優盤和 U 盤的最多。

那為什麼不像香港一樣叫「手指」呢？「手指」發音為 shǒu zhǐ，在電腦用的「手指」出現以前，有另外一種叫 shǒu zhǐ 的生活用品已經存在了！是什麼呢？就是手紙。

那「手紙」又是什麼呢？就是廣東話的「廁紙」。普通話沒有「廁紙」這個詞，文明一點兒的說法是「衛生紙」，一般口語說「手紙」就行了。

看到這兒大家明白了吧，因為早已有了「手紙」，所以 USB 就不會用「手指」這個詞了，否則一個人說「我買 shǒu zhǐ」，沒有上文下理參考，真不清楚 (qīng chu) 他到底要買 USB 還是要買「廁紙」。

注意「手紙」的量詞，廣東話「一抽」普通話可沒有，要說「一包」，比如「你去超市買一包手紙回來」。

還有兩個詞語要提醒大家。有一次上課，我講到偽劣

（liè，音同「列」）商品一詞，我提醒學生「偽」字的發音跟廣東話差得很遠。學生不明白，我就把「偽人」寫在黑板上，然後問學生：內地不會用這個詞，為什麼？聰明的學生馬上就反應過來了：我知道！因為「偽人」等同「偉人」。

是的，「偽」和「偉」都讀 wěi，所以「偽人」和「偉人」是同音詞。有人說「藝人都是偽人」，這句話用普通話說，聽起來就是「藝人都是偉人」。孫中山、甘地這樣的才能稱得上是偉人，普通人怎麼會是偉人呢？所以「藝人都是偽人」這句話就不能用普通話說。

3分鐘練習

一、左邊的詞語與右列哪個詞語是同音詞？把正確答案圈起來。

1. 郵箱： A. 幽香 B. 油箱 C. 又想 D. 優先
2. 一枝： A. 義肢 B. 意志 C. 以致 D. 已知
3. 負數： A. 附屬 B. 服輸 C. 輔助 D. 復述

二、為下列各拼音分別寫出兩個詞語。

例：liú lián：榴槤 / 流連

1. xīn xíng：______/______

2. yǎn shì：______/______

3. xié dài：______/______

4. cè shì：______/______

5. cháng chéng：______/______

32. 我負責屎腸推廣

王奶奶：小智，你爸爸、媽媽在家嗎？

李小智：我爸爸去雞腸了，我媽媽去時代廣腸了。

王奶奶：啊？哦……我明白你的意思了。那你現在去哪兒？

李小智：我去超級屎腸。

王奶奶：……

王奶奶要吐血了！

問題出在哪裏呢？出在「場」字的聲調上——把該讀第三聲的「場」字讀成了第二聲。

「場」是一個多音字，它有兩個音，一個是 cháng；另一個是 chǎng。

讀第二聲的「場」字很少用，作量詞時才用到它。作為量詞，它用於事情的經過，比如：一場大雨、一場戰鬥。

而市場 (shì chǎng)、機場 (jī chǎng)、廣場 (guǎng chǎng)、捧場 (pěng chǎng) 等詞語，「場」字都是第三聲。

這幾個詞語裏面，「廣場」、「捧場」發音的難度大一點兒，因為它們是三三連讀詞語，唸的時候「廣」、「捧」應該變讀成第二聲。如果沒變調，仍讀第三聲，就會不自覺地把「場」字錯讀成第二聲。

一個面容嬌好的 OL，用悅耳的聲音對男客戶說：「我是我們公司負責屎腸推廣的，希望我們今後合作愉快」，如果那個客戶普通話也不靈光，他們會「屎腸」來、「屎腸」去地商談工作，渾然不覺自己鬧了大笑話！

3分鐘練習

熟讀繞口令。

1. 去機場 (jī chǎng) 吃雞腸 (jī cháng)，機場沒雞腸。
2. 露天 (lù tiān) 廣場演唱會，一家大小來捧場。
3. 菜市場買菠蘿 (bō luó)，超級市場賣蘿蔔 (luó bo)。

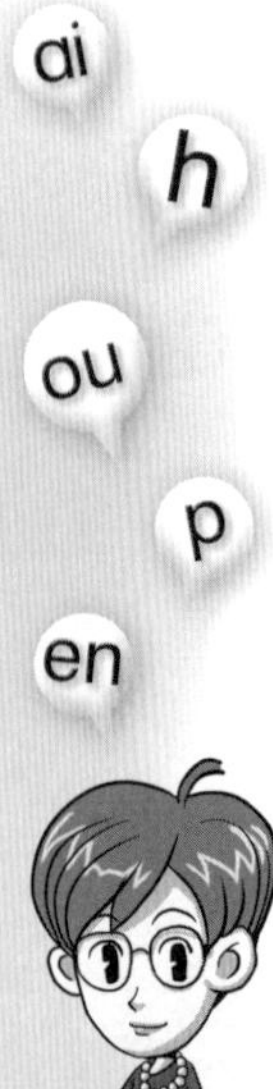

33. 炸了「油炸鬼」，那還吃什麼？

廣東話有不少多音字，像「行」字，「銀行」、「行動」就是兩個音。比起廣東話，普通話多音字更多，一般來說，廣東話是多音字，普通話多半兒也是多音字。不少廣東話只有一個音的，普通話也有不少是多音字，像「炸」字。

「炸」有兩個音：

1. 炸 zhà：

（1）用炸藥炸：把這座舊橋炸掉才能建新橋。

（2）物體突然爆裂：因為煤氣爆炸，房子被炸毀了。

（3）因憤怒而發作：他一聽就氣炸了，暴跳如雷。

2. 炸 zhá：

把食物放進煮沸的油裏弄熟：炸豬排、油炸食品。

因為廣東話「炸」只有一個音，而且跟普通話 zhà 很相近，所以常常聽到諸如「油炸 (zhà) 鬼」、「炸 (zhà) 的東西對身體不好」之類的。

這個問題很容易解決，我上課的時候通常只是簡單地講一下，學生就明白了。我對他們說：「zhà 只是跟爆炸有關。」一旦知道自己曾經錯過，學生們自己都笑了，有的學生開玩笑說：「如果是油炸 (zhà) 鬼，炸 (zhà) 得連渣都不剩了，還吃什麼呢？」

3分鐘練習

句子中的「炸」字該怎麼讀？把讀作 zhà 的「炸」字加橫線，讀作 zhá 的圈起來，然後讀一讀句子。

1. **炸**魚、**炸**薯條都是油**炸**食品，不宜多吃。
2. 聽説下屬虧空公款，他氣**炸**了肺。
3. 私藏**炸**藥是犯法的，而且很危險。
4. 過年前媽媽會蒸蘿蔔糕、**炸**油餃。
5. 有些捕魚的人非法在河裏**炸**魚，那是不對的。

34. 我叫普通話？

多音字「教」

有一次我去學校觀課，有個老師說：「我昨天**叫**前鼻音，今天**叫**後鼻音」。

讀者已經猜到了吧，這裏該用第一聲「教」(jiāo)，因為第四聲「教」和「叫」字同音，「我今天教 (jiào) 後鼻音」聽起來就成了「我今天叫後鼻音」。

「教」字是個多音字，一個是第一聲 jiāo，一個是第四聲 jiào。它們各有不同的意思：

1. 教 jiāo：

動詞，意思是「把知識 (zhī shi) 或技能傳授給人」。它大多數都是單用，用於口語，如：他教普通話、姥姥正在教外孫識字。

雙音節的也有，但比較少，如：教書。「教學」、「教授」一詞作動詞時也讀第一聲。

2. 教 jiào：

（1）教導、教育：請教、管教、受教、因材施教。

（2）使、令、讓：教我十分為難、教他無計可施。

有個比較簡單的方法：記住第四聲「教」(jiào) 幾乎都是在雙音節中使用，像「教育、教材」；第一聲「教」(jiāo)

基本上是單用，如「她教鋼琴」。

3分鐘練習

句子中的「教」字該怎麼讀？把讀作 jiāo 的「教」字加橫線，讀作 jiào 的圈起來，然後讀一讀句子。

1. 我以後要接受**教**訓，還請您多指**教**。
2. 王**教**授 40 年來一直**教**書，**教**學經驗很豐富。
3. **教**官肯**教**，他也肯學，所以進步很快。
4. **教**師應該有**教**無類。
5. 他年輕時**教**過書。

35. 悶熱的「悶」唸第幾聲？

多音字「悶」

劉小明：張老師，很悶 (mèn) 哪，開空調行嗎？

張老師：行啊！但是……開了空調就不悶 (mèn) 了嗎？

怪不得張老師聽不懂小明在說什麼，小明把「悶」字說錯了。「悶」是多音字，除了 mèn 之外，它還有一個音 mēn，跟第四聲的那個意思完全不一樣，劉小明說的「悶」應該是第一聲。

1. 悶 mèn：

（1）心情不舒暢：愁悶、悶悶不樂。

（2）形容密閉、不透氣：這個人是個悶葫蘆，不愛說話。

2. 悶 mēn：

（1）因為氣壓低或空氣不流通而感到不舒服：天氣悶熱，一點兒風也沒有，真難受！

（2）使不透氣：茶剛泡上，悶一會兒再喝。

（3）在屋裏呆着，不到外面去：他是宅男，整天悶在家裏打遊戲，哪兒也不去。

因此，劉小明因為天氣悶熱感到不舒服，想讓老師開空調，「悶熱」的「悶」應該是第一聲 mēn。

把以下的廣東話句子翻譯成普通話。

1. 呢架巴士冷氣唔夠，好焗！

____

2. 唔怪得咁焗，原來就嚟落雨。

____

3. 你依家熄火，唔好開蓋，焗一焗佢。

____

4. 有乜嘢講出嚟，唔好鬱喺個心度。

____

5. 我屋企冇焗爐，唔可以焗麪包。

____

36. 和——多音字之王

哪個多音字的讀音最多？答案是——和。

「和」字有 5 個音，還沒算上輕聲呢！

1. 和 hé：

這是使用得最普遍的。例：和平、我和我的朋友、五加三的和是八、和衣而卧、你要和他好好說。

2. 和 hè：

(1) 聲音相應，例：一唱一和（多含貶義）、一人唱，眾人和。

(2) 依照別人詩作的題材或體裁寫作，例：和詩。

3. 和 huó：

在粉狀物中加水，使它們黏 (nián) 在一起。例：想烤麪包，第一個步驟是和麪。

4. 和 huò：

(1) 粉狀或粒狀物加水一起攪拌，使之成為較稀的東西。例：把藥粉倒在碗裏，加溫水，用勺子和一和再喝。

(2) 量詞，例：衣服已經洗了三和了（這裏「洗了三和」指「洗了三次」）。

ao an ü k ou

5. 和 hú：

打麻將或打牌贏了。例：和了。

較難的是第3和第4，都是加水，不容易分清。竅門是：huó 加水之後變成固體；huò 加水之後是液狀。記住！

除了以上這五個音，還有輕聲 huo，用於「暖和」(nuǎn huo)、「攪和」(jiǎo huo) 等詞。

其實，老北京口語「和」還有 hàn 這個音，意思跟「和」(hé) 一樣，不過內地早已淘汰了，只有少數老北京人還偶爾用一用，但在台灣還保留着。

3分鐘練習

先為下列句子中粗體的「和」字注音，寫在括號內，然後讀一讀句子。

1. 上星期我**和**（　　　）小濱鬧了點兒誤會，現在我們**和**（　　　）好如初了。
2. 只要聽到打麻將的聲音，這隻八哥就會叫：「**和**（　　　）了！發財！」
3. 他們倆在會上一唱一**和**（　　　），一看就知道沒安好心。
4. 自己在家做餃子吃，麵不能**和**（　　　）得太軟，麵太軟了餃子一煮就破。
5. 把杏仁粉倒在碗裏，加開水，**和**（　　　）一和，就是一碗很好喝的杏仁茶。

37. 普通話「差」字四個音

阿浩：哎呀！爸爸出差差不多就要回來了，我考試成績這麼差，怎麼跟爸爸說？這次考試成績很參差，還有一科不及格，跟姐姐的差距越來越大了，我該怎麼辦呢？

姐姐：普通話「差」字四個音，你卻一「叉」到底，有時間唉聲歎氣，不如學好普通話。

普通話多音字比較多，是港人學普通話的陷阱 (xiàn jǐng) 之一。為什麼說它是陷阱呢？因為說錯了往往自己卻不知道，還以為是正確的。

這篇說的「差」字，廣東話是三個音，普通話多一個，有四個音，很麻煩，怪不得阿浩說錯了。

1. 差 chāi：出差、郵差
2. 差 cī：參 (cēn) 差不齊
3. 差 chà：很差、差不多
4. 差 chā：差距、差錯、差別

大家應該已經看出來了，前三個不難，因為跟廣東話很相似，難就難在第四個 chā。廣東話第 3 和 4 項是同一個音，普通話等於是把它拆 (chāi) 開了，所以給以廣東話

為母語的人帶來了困擾 (kùn rǎo)。

簡單一點兒可以這樣記：表示兩者之間的距離一般都唸 chā。除了上面舉的兩個例子，唸 chā 的還有差額（é，音同「鵝」）、差距、誤差、差價等。數學方面，減法運算中一個數減去另一個數，所得的那個數叫「差」，也是 chā 音。

3分鐘練習

為上文阿浩話中的「差」字注音，寫在括號內，然後讀一讀。

哎呀！爸爸出**差** 1.（　　　）**差** 2.（　　　）不多就又回來了，我考試成績這麼**差** 3.（　　　），怎麼跟爸爸說？這次考試成績很參**差** 4.（　　　），還有一科不及格，跟姐姐的**差** 5.（　　　）距越來越大了，我該怎麼辦呢？

38. 不要隨地吐痰

還記得每到兔年新年，走在街上，商店、餐館都會貼上春聯：「兔」氣揚眉、前「兔」似錦、大展鴻「兔」……到處都能見到可愛的小兔子。

比較麻煩的是「兔」氣揚眉，不少人以為兔、吐同音，所以便覺得「兔」氣揚眉跟「吐」氣揚眉發音也一樣。錯了！「兔」跟「吐」同音不錯，但「吐」是多音字，看你選哪個了。

1. 吐 tǔ：

(1) 使東西從嘴裏出來。例：把魚刺吐出來。

(2) 說出來。例：談吐文雅、不吐不快、吐露實情。

(3) 從口兒裏、縫兒裏長出來或露出來。例：麥子吐穗兒 (suìr) 了。

2. 吐 tù：消化道裏的東西不由自主地從嘴裏湧出。例：上吐下瀉、吐沫 (tù mo)、吐血。

「吐氣揚眉」的「吐」應該是第三聲 tǔ，跟「兔」(tù) 不是一個音。那麼「吐痰」怎麼說呢？

吐痰是覺得嗓子 (sǎng zi) 裏有痰，把它吐出來才舒服 (shū fu)。這個動作是由人來控制的，想吐才吐，不想吐的

話控制得住，所以是第三聲 tǔ。

「嘔 (ǒu) 吐」呢？我們時常看見馬路上甚或交通工具上有嘔吐物，為什麼不到廁所去吐呢？難道想在大街上失態嗎？當然不是，因為想控制但控制不住，所以是第四聲 tù。

同理，人生病吐血了，或是比喻「氣得差點兒吐血」，「吐」也是第四聲 tù。比較特別的是，第四聲 tù 還比喻被迫退還侵佔的財物。

3分鐘練習

下列段落中的「吐」字該怎麼讀？把讀作 tǔ 的「吐」字加橫線，讀作 tù 的圈起來，然後讀一讀。

那個貪官，一開始不肯**吐**出一個字。有關人員不放棄，誓要讓他把貪污的財物**吐**出來不可。起出贓款後，他痛哭流涕，說要痛改前非。但老百姓不信，說「狗嘴**吐**不出象牙」。

ai h ou p en

39. 張柏芝的「柏」該讀哪個音？

學習重點	多音字「會、薄、柏」

還有幾個多音字也容易錯。

1. 會

（1）huì：這個「會」沒有難度，大家都會。例：立法會、會普通話、機會。

（2）kuài：會計。那麼多含有「會」的詞語，唯有「會計」的「會」讀音特別，很容易錯。它的讀音跟「快」一樣，可以這樣記：會計＝快記。

2. 薄

（1）báo：「厚」的反義詞，也表示感情不深等。一般用於單音節、口語。例：紙很薄、薄餅、情分很薄。

（2）bó：表示輕、少、輕視、不強壯等。一般用於雙音節、書面語。例：刻薄、薄情寡義、薄利多銷、身體單薄。

（3）bò：這個簡單，只用於「薄荷」(bò he)。

大家看到這篇文章的題目，可能會很奇怪，「柏」？就這麼唸哪，有什麼問題嗎？

是的，用廣東話唸完全沒有問題，但用普通話唸就有

問題了——「柏」字廣東話只有一個音，而普通話是多音字，有三個音！

① 柏 bǎi：指柏樹。例：柏樹、松柏、柏油。也是姓氏。

② 柏 bó：只有德國首都柏林的「柏」唸這個音。

③ 柏 bò：只用於黃柏，是一種樹，不常用，大家就不用記了。

那麼「柏」用於人名該唸什麼呢？答案是：名字的擁有者唸什麼，就唸什麼。

我沒聽過張柏芝用普通話說自己的名字（大家可以留意一下），其他人說她的名字，bó 和 bǎi 都聽到過，其中以 bó 佔多數。

台灣著名作家柏楊也有這個情況。柏楊不姓柏，柏楊是筆名。

3分鐘練習

一、先為下列句子中的粗體字注音，寫在括號內，然後讀一讀句子。

1. 王叔叔是**會**（　　　）計師。
2. 我不喜歡**薄**（　　　）荷糖。
3. 這裏樹木參天，松**柏**（　　　）長青。
4. 昔日的**柏**（　　　）林圍牆如今已是旅遊景點了。

二、文中「奇怪」的「奇」也是多音字，先查字典把拼音寫出來，再各組一個詞語。

	「奇」的讀音	配詞
1.		
2.		

40. 有趣的多音字姓氏

多音字姓氏

你認識的人當中，有沒有人的姓氏是多音字？

多音字作為姓氏，有的挺簡單，比如姓「區」，誰都不會唸成「區域」的「區」。但有的姓氏香港比較少見。很多年前我有個學生叫解圓圓，老師、同學和她自己都把「解」唸成解決的解。我知道作為姓氏「解」應該是另外一個發音（廣東話發音「械」），但那時全校只有我一個是「外省人」，授課語言又是廣東話，我也就隨大溜兒 (suí dà liùr) 了。

下表是其他多音字姓氏例子：

例	讀音 / 舉例	姓氏讀音 / 人名舉例
解	jiě / 解決	Xiè / 解學恭
華	huá / 中華	Huà / 華佗、華國鋒
仇	chóu / 報仇	Qiú / 仇英
單	dān / 簡單	Shàn / 單立文
那	nà / 那麼	Nā / 那英
查	chá / 調查	Zhā / 查良鏞（金庸）
任	rèn / 任務	Rén / 任賢齊

另外，有的姓氏很麻煩，一個字有兩個音，這兩個音都是姓，像「樂」字，Lè 和 Yuè 都是姓，戰國時期軍事家樂毅姓 Yuè，香港明星樂基兒姓 Lè。

3分鐘練習

把正確答案圈起來。

1.「自古華山一條路」中的「華」字跟下面哪個字同音？

A. 花　　B. 滑　　C. 化

2. 姓「魯」的「魯」是第幾聲？

A. 第一聲　　B. 第二聲　　C. 第三聲

3.「Cén」是下面哪個姓的拼音？

A. 岑　　B. 陳　　C. 秦

4. 有個人姓「區」，下面哪個是它的拼音？

A. Ōu　　B. Ān　　C. Qū

5. 下面哪兩個姓氏發音相同？

A. 劉、婁　　B. 衞、魏　　C. 尤、姚

輕聲和兒化

41. 掌握規律學輕聲

有規律的輕聲詞

鄰居李叔叔的小狗跑到了小明家的院子裏，小明抱起小狗還給李叔叔，他說：「李叔叔，這是你的媽？」李叔叔很生氣。

為什麼會這樣？因為小明普通話輕聲說得不好，把「這是你的嗎」說成了「這是你的媽」。

輕聲是一種特殊（shū，音同「書」）的語音現象，廣東話沒有輕聲，它是廣東人學習普通話的難點之一。

從內容方面，輕聲可分為兩大部分：有規律 (guī lǜ) 的和沒有規律的。前者只要掌握 (zhǎng wò) 了它的規律，就很容易記住。粗略 (cū lüè) 來分，有規律的輕聲有以下幾類：

1. **的**、**地**、**得**等結構助詞。例：我的 (wǒ de)、飛快地跑 (fēi kuài de pǎo)、好得很 (hǎo de hěn)。

2. **着、了、過**等時態助詞。例：拿着 (ná zhe)、洗了 (xǐ le)、去過 (qù guo)。
3. **啊、嗎、呢、吧**等語氣助詞。例：是啊 (shì a)、好嗎 (hǎo ma)、你呢 (nǐ ne)、來吧 (lái ba)。
4. **子、頭、巴、們、麼**等詞尾。例：鋪子 (pù zi)、木頭 (mù tou)、啞巴 (yǎ ba)、同學們 (tóng xué men)、什麼 (shén me)。
5. 重疊動詞、名詞。例：看看 (kàn kan)、娃娃 (wá wa)、舅舅 (jiù jiu)、星星 (xīng xing)。
6. 部分身體部位名稱。例：耳朵 (ěr duo)、眉毛 (méi mao)、胳膊 (gē bo)、屁股 (pì gu)。
7. 部分親屬稱謂。例：姥爺 (lǎo ye)、姨父 (yí fu)、外甥 (wài sheng)。
8. 方位詞。例：裏邊 (lǐ bian)、裏頭 (lǐ tou)、家裏 (jiā li)。
9. 夾在動詞之間的「一」和「不」。例：看一看 (kàn yi kàn)、走不走 (zǒu bu zǒu)。

3分鐘練習

把應該讀作輕聲的詞語圈起來，然後讀一讀句子。

外頭	慢慢吃	走啦	雞頭	嘴巴
枕頭	蓮子	胡蘿蔔	一個鐘頭	緊要關頭

42.「商量」必須讀輕聲

有規律的輕聲可以舉一反三，遇到問題查《現代漢語詞典》（以下簡稱《現漢》），慢慢地水平就會提高了。無規律的輕聲就難多了，因為無規律可循 (xún)，只能靠學、靠記了。

學習無規律的輕聲，一定要借助《現漢》。我們要根據它的注音來判斷一個詞是不是輕聲。如果是輕聲的話，是必讀輕聲呢？還是可輕可不輕？比如「商量」這個詞，《現漢》的注音是「shāng · liang」，「量」的拼音上面沒有聲調符號，就是「必輕」。

「喉嚨 hóu · lóng」兩個字的拼音中間有個圓點，同時第二個字上面又標了聲調，這個詞就屬於「可輕可不輕」。

我們這本書也根據《現漢》來注音，只不過為了避免太複雜，與坊間其他普通話書一樣，「可輕可不輕」省去了圓點兒。

既然都是輕聲詞語，為什麼要分「必輕」和「可輕可不輕」呢？「必輕」是必須讀輕聲；「可輕可不輕」是可以讀輕聲、也可以不讀輕聲。這是個什麼概念呢？它意味

着：考試的時候，要是這個詞是必讀輕聲而你沒有讀成輕聲，要扣分。比如把「商量」說成「商涼 (liáng)」，是要扣分的！

3分鐘練習

把無規律的輕聲詞圈起來，然後讀一讀句子。

1. 有困難就和王經理商量、商量。
2. 你既然肚子疼，就回家休息去吧。
3. 你的衣服很漂亮，不便宜吧？
4. 他耳朵發炎了，很不舒服。
5. 王老師長頭髮、大眼睛、小嘴巴，很美麗。

43. 北方人過年的習俗

過年的時候，媽媽會不會做蘿蔔糕、芋頭糕？其實，與過年有關的詞語中，有不少輕聲詞。

在本書《掌握規律學輕聲》（第 96 頁）一文介紹了有規律的輕聲，其中有「頭」字作詞尾的，「芋頭」(yù tou) 就屬於這一類。「芋」字的發音跟廣東話相差得比較遠，不容易記。告訴你一個竅門：它跟「遇」、「育」的普通話同音。「蘿蔔糕」的「蘿蔔」(luó bo) 也是輕聲詞，但它是無規律的輕聲。順便說一下，廣東話「紅蘿蔔」普通話叫「胡蘿蔔」。

現在流行健康食品，可能家中的「全盒」裏會有琥珀 (hǔ pò) 核桃，「核桃」(hé tao) 是輕聲。叫它琥珀核桃，是因為它的外面裹 (guǒ) 了一層糖，晶瑩 (jīng yíng) 透明，很像琥珀。還有香噴噴的煎堆呢！外面裹了一層芝麻 (zhī ma)，芝麻也是輕聲詞。但是，瓜子、糖蓮子可不是輕聲啊！第 112 頁會談到。

北方好多過年的習俗跟廣東一樣，比如吃年糕、給孩子紅包 (hóng bāor)。紅包這個詞是從廣東話過來的，改革開放之後才流行，以前稱「壓歲錢」(yā suì qián)。北方也

有年初一不掃地 (sǎo dì) 的習慣，怕把財掃出去。

和廣東不同的是，北方人年三十晚上一定要吃餃子 (jiǎo zi)，有時會在餃子裏包一枚硬幣 (yìng bì)，傳說誰拿到有硬幣的餃子誰發財。

年初一一般不做飯，所以過年之前會多做一些。以前北京好多人家過年喜歡做米粉肉、炸丸子 (zhá wán zi)，倒不是過年一定要吃這些，是因為這兩樣東西做起來費時間，平時沒時間做。米粉可不是廣東的米粉，而是把大米炒熟了，和五花肉一起蒸，可香啦！

我媽媽家是上海人，過年的傳統要做素什錦 (sù shí jǐn) 和八寶飯。我和媽媽會洗豆沙——用紅豆做紅豆沙，然後蒸八寶飯。

在內地過年當然會放炮仗，爸媽會給小孩兒買新衣服，「炮仗」(pào zhang)、「衣服」(yī fu) 都是輕聲。

年花當中，芍藥 (sháo yao) 和香港比較少見的牡丹 (mǔ dan) 都是輕聲詞。

3分鐘練習

一、把輕聲詞圈起來，然後讀一讀句子。

媽媽在蒸年糕，妹妹在吃瓜子和芝麻糖。

二、熟讀繞口令。

Mā ma qù kàn Lǐ ā yí
媽 媽 去 看 李 阿 姨，

yì zhī lán zi shǒu zhōng tí
一 隻 籃 子 手 中 提。

Chú le pú tao hé píng guǒ
除 了 葡 萄 和 蘋 果，

hái yǒu lǐ zi lì zi lí
還 有 李 子、栗 子、梨。

ai h ou p en

44. 老闆，我要報仇！

學習重點 輕與不輕聲意思不同

如果聽到下面的話，你會有什麼反應？

「這鴨頭讀書不錯。」

「發翹舌音要把蛇頭翹起來。」

你肯定會說：鴨子怎麼會讀書呢？

哎呀我的媽呀！蛇頭都翹起來了，趕快跑！趕快跑！

發生這種事，是因為沒有學好普通話的輕聲。

有人問：普通話的輕聲很麻煩，尤其是無規律的輕聲，沒有規律可循 (xún)，只能靠死記硬背，能不能不要輕聲？

回答是：有的行，有的不行。

全世界很多人在學中文。輕聲、兒化對北方人來說沒有困難，但對南方方言區、少數民族地區的人來說卻有相當的難度，更別提外國人了。因此，輕聲、兒化越來越少是大趨勢 (qū shì)。

以前「已經」、「生日」等詞都是必讀輕聲，這意味着考試不唸輕聲是要扣分的，但現在它們已經不是輕聲了。

但是有的詞一定要讀輕聲，不唸輕聲會造成誤會。例如：

讀輕聲	沒有讀輕聲
靠着墊子 (diān zi) 坐舒服	靠着電子 (diān zǐ) 坐舒服
他沒有行李 (xíng li)	他沒有行禮 (xíng lǐ)
這丫頭 (yā tou) 不錯	這鴨頭 (yā tóu) 不錯
他沒有力氣 (lì qi)	他沒有利器 (lì qì)
我要報酬 (bào chou)	我要報仇 (bào chóu)
舌頭 (shé tou) 翹起來	蛇頭 (shé tóu) 翹起來

如果你媽媽忘了給你的補習老師薪酬，補習老師跟媽媽說：「您這個月沒給我薪水，我要報仇。」

媽媽還敢繼續聘請他嗎？全家人性命不保！

3分鐘練習

一、文中除了已經標注拼音的之外，還有沒有無規律的輕聲詞？把它們圈起來。

二、圈出句子中錯誤的詞語，把正確的詞語和它的拼音寫在橫線上，然後讀一讀句子。

1. 原子裏種了不少西紅柿。 __________
2. 爸爸、媽媽是經沒人介紹認識的。 __________
3. 蛋糕很好吃，你常常吧！ __________

45.「地道」的兩個意思

學習重點 同一詞語，輕與不輕聲意思不同

有一類詞，本身有兩個意思，根據意思，一個輕聲，一個不輕聲。

比如「東西」，表示方向時不輕，其他的就輕，像「買東西 (dōng xi)」。

有一種名為「道地」(dào dì) 的瓶裝飲料，普通話口語習慣說「地道」(dì dao)，是輕聲，如果不唸輕聲就是「地下通道」了。還有一些例子：

說法 (shuō fa)　例：我們不是鬧事，只想討個**說法**。
說法 (shuō fǎ)　例：他常常公開演講，現身**說法**。

孫子 (sūn zi)　例：她有兩個**孫子**。
孫子 (Sūn zǐ)　例：他從小熟讀《**孫子**兵法》。

對頭 (duì tou)　例：他們倆是死**對頭**。
對頭 (duì tóu)　例：我看有點兒不**對頭**，我們趕快走吧！

生意 (shēng yi)　例：這家商店**生意**很好。
生意 (shēng yì)　例：春天來了，一片**生意**盎然的景象。

特務 (tè wu)　　例：他原來是敵方派來的**特務**。

特務 (tè wù)　　例：哥哥是軍中**特務**連的，專門負責特殊任務。

3分鐘練習

下列句子中，哪個用粗體標出來的詞是輕聲詞？把代表正確答案的英文字母圈起來。

1. A. 老**地方**見！

   B. 總書記是中央領導，省長是**地方**幹部。

2. A. 他們**兄弟**倆都來了。

   B. **兄弟**，幫幫忙好嗎？

3. A. 你一定要把這篇文章的段落**大意**搞清楚。

   B. 你太**大意**了，怎麼會不見了呢！

4. A. 他以為他**老子**天下第一啊。

   B. **老子**是著名的思想家。

5. A. **買賣**雙方一定要坐下來好好談判。

   B. 我們是小**買賣**，怎麼能賺大錢。

ai h ou p en

46. 爸爸送我婊子

學習重點 **誤加「子」的例子**

有一次進行課堂說話練習，題目是「珍貴的禮物」，一個同學把「爸爸送給我一個新錶」的「錶」字加了「子」。把這句話讀讀看，變成了什麼意思？

「錶子」讀出來是 biǎo zi，不看文字，聽起來就是「爸爸送給我一個新婊子 (biǎo zi)」。「婊子」是「妓女」，這麼說，誤會可鬧大了！這就是胡亂加「子」的結果。切記：說「錶」和「手錶」都行，就是不能說成「錶子」！

再舉一例。一位大公司的公關說：「公司今年的業績很好，業務不斷擴充，我們已經有很多**墊子**了。」莫名其妙。

哦！公關想說的是「店子」。「店子」和「墊子」發音完全一樣，都是 diàn zi。

說「商店」、「店鋪」都行，「鋪」加「子」說成「鋪子」也行，惟獨「店」字不能加「子」！

回歸後港人的普通話水平提高了，越來越多人知道普通話中很多詞語都以「子」字作詞尾。這樣一來，香港人由從前的不知道，到現在經常在單字後胡亂加「子」。

有的字一定要加「子」，如廣東話「畀把梳我」一定

要說成「給我一把梳子」，這個「子」絕對不能省。

但有些一定不能加「子」，像「雨傘」一詞，這是個雙音節詞，單音節也可以用，「她買了一把雨傘」、「他忘了帶傘」都沒問題，但就是不能說「傘子」。

「傘子」還好，不會出現歧義，「錶」、「店」加「子」會產生歧義，人家不明白你說什麼，影響溝通就麻煩了。

3分鐘練習

下列詞語另有一個帶「子」字的說法，請把它們寫在橫線上。

例：腹部：肚子

1. 鬍鬚：__________ 2. 村莊：__________

3. 案件：__________ 4. 竹籃：__________

5. 手鐲：__________ 6. 剪刀：__________

7. 房屋：__________ 8. 稿件：__________

9. 小孩：__________ 10. 皮靴：__________

47.「蘋果核」怎麼說？

學習重點	誤加「子」的例子

一天，電視播放一套叫《貓之報恩》的日本動畫片，中文字幕 (mù) 有這樣一句：「哎呀！撞傷了我的腰子！」

和同事談起這件事，當時我們還以為這是「個別事件」。沒想到幾天之後，這位老師告訴我，他親身經歷了「類似事件」：他看到一位老師關切地對學生說：「不要坐得太久，那樣腰子會疼的。」——居然 (jū rán) 還是普通話老師呢！

「腰子」(yāo zi) 是可以吃的、動物的腎臟。有的酒樓中午茶市有「白灼腰潤」，「腰」指廣東話「豬腰」，普通話就是「腰子」。

人的腰怎麼說呢？一個字「腰」就行了。廣東話「我腰骨痛」，普通話是「我腰疼」。所以《貓之報恩》那句應該是：「哎呀！撞 (zhuàng) 傷了我的腰！」那位老師應該說：「不要坐得太久，那樣腰會疼的！」

人不是豬，千萬別說「腰子」！再舉個例子，有個著名美食家，寫食譜的時候特別喜歡加「子」，其中有一句：「把梨的核子挖出來」。普通話「梨核」、「蘋果核」怎麼說呢？

ao an ü k ou

「核」是多音字：

1. 核 hé：

例：核對、核子武器、核電站、細胞核等。

2. 核 hú：

是口語詞，指果實中心堅硬的部分，如「蘋果核兒」。

這個「核」千萬不能加「子」。為什麼？因為「核子」與「鬍子」同音，聽起來成了「把梨的鬍子挖出來」。正確說法應該是「把梨的核兒挖出來」，「核」必須兒化。否則梨長出鬍子？那不成了科幻片了？太恐怖了！

3分鐘練習

一、把以下的廣東話句子翻譯成普通話。

1. 車厘子有核，小心啲！

____

2. 媽咪去樓下李伯嘅舖頭買咗一把縮骨遮。

____

3. 我腰骨痛，畀個墊我。

____

二、下列句子中，哪個詞語可以用帶「子」的詞語代替？把它圈起來，並把答案寫在橫線上。

1. 試卷發下來了。__________
2. 小萍畫了三隻小白兔。__________
3. 我忘了那個人的模樣。__________

ao

an

ü

k

ou

48. 簾子百合紅豆沙

學習重點 不能讀輕聲的「子」

現在想跟大家說說不能讀輕聲的「子」。

不是所有「子」都唸輕聲。為什麼？

愛吃蓮子百合紅豆沙嗎？大家想一想，「兒子」的「子」跟「蓮子」的「子」一樣嗎？不一樣吧？

對！「兒子」的「子」是沒有意義的，加不加「子」意思都一樣。但「蓮子」的「子」是有意義的，「蓮子」就是——蓮蓬的「子」。

學校運動會分女子項目和男子項目，「女子」、「男子」也不能唸輕聲。因為這個「子」是「人」的意思，但是如果說「女人 100 米跑」、「男人 100 米跑」太難聽了，說「女子」、「男子」就文雅多了。

萬世師表孔子的「子」也不能輕。這個「子」是對古代有學問的男人的尊稱，不是什麼人都能用的。如果讀輕聲，就不尊重了。

那麼麻煩，我不理它行嗎？有的問題不大，有的就不行。比如我們都使用電子產品，「電子」(diàn zǐ) 如果讀輕聲，就是「墊子 (diàn zi) 產品」了。文章一開始說的「蓮子」(lián zǐ)，如果說輕聲就成「簾子」(lián zi) 了，簾子

可不能吃！同理，「核子 (hé zǐ) 武器」就成了「盒子 (hé zi) 武器」。

不能讀輕聲的還有才子、瓜子、娘子、精子、卵子、分子、粒子、質子等。

3分鐘練習

下列哪些句子中的「子」字應該唸輕聲？在空格裏加✓；不應該的，加✗。

1. 老爺爺的鬍**子**很長。☐

2. 古時候帝王自稱天**子**。☐

3. 《莊周夢蝶》是莊**子**的故事。☐

4. 爸爸說：「犬**子**無禮，我向您道歉。」☐

5. 我愛看《狸貓換太**子**》這本書。☐

49.「小辮」不要說成「小便」

學習重點：兒化與否 意思不同

兒化 (ér huà) 和輕聲一樣，廣東話沒有，是廣東人學普通話的難點之一。

在書寫形式上，兒化的特徵比較明顯：注音方面是在拼音後面加「r」；文字是在詞語後加「兒」，比如「小孩兒」。

但是香港讀者看內地書刊要留意，內地的印刷品大多不加「兒」字，為什麼？因為不用加也知道是兒化詞語，拿「冰棍兒」(bīng gùnr) 來說，普通話為母語的人看到「冰棍」一定會讀兒化。香港的普通話教材加「兒」，純粹是為了方便港人學普通話而已。

輕聲分「必輕」和「可輕可不輕」兩類（可參閱本書第98頁《「商量」必須讀輕聲》），兒化也分「必須兒化的」和「口語裏一般兒化的」兩類。

《現代漢語詞典》（下文簡稱《現漢》）「凡例」中寫道：「書面上有時兒化有時不兒化，口語裏必須兒化的詞，自成條目，如【小孩兒】。」因此，查《現漢》時，一看到詞語後面有個小小的「兒」字，就應該知道這個詞是必兒的。這意味着考試時沒兒化要扣分。

我國人口多，方言也多，好多方言是沒有輕聲和兒化的，這些地區的人學普通話，輕聲、兒化是兩大難點。加上越來越多外國人也在學普通話，輕聲、兒化只宜越來越少，不宜越來越多。

因此新版《現漢》把不少必讀輕聲詞語改為可輕可不輕了，也把有的「必兒」改為「口語裏一般兒化」了。比如「果凍兒」（即「啫喱」）就改為「果凍」了。

但是有區別詞義、詞性等作用的兒化詞，不能貪方便省去兒化韻。像「小人兒」(xiǎo rénr)，指未成年的人，中性詞，比如：「這個小人兒，真可愛！」，也指「小的人物的形象」，如「他上課不聽講，畫小人兒」；而沒有兒化的「小人」，則指卑鄙 (bēi bǐ) 的人，是貶義詞。

還有的會造成歧義，「冰棍兒」（即廣東話「雪條」）如果不兒化，就變成了「冰弄成的棍子」，不能吃，打人就行。還有「小辮兒」，不兒化就成了「小便」，如果說錯了很可能被人打！

3分鐘練習

回答下列問題，把答案寫在橫線上。

1. 假如「玩兒」沒兒化，以下對話的最後一句意思會變成什麼？

   甲：阿豪在哪兒？

   乙：在玩兒過山車。我們也去玩兒吧！叫上阿文。

   甲：不用叫阿文，因為他玩兒了。

   ____

2. 以下段落中，哪個「一點」應該兒化？把它圈起來。

　這個計劃對公司非常重要！我已經反覆強調這**一點**了。好，都**一點**了，你吃飯去吧。我要準備下午的會，只能隨便吃**一點**了。

50. 他是我們的頭兒

前文提到「小人」、「冰棍」兒化之後意思會改變。其實還有一些字，兒化與不兒化意思大不一樣。看下面的表：

例字	不兒化	兒化
麪 (miàn)	麪條、麪粉等（名詞） 例：爸爸愛吃麪。	粉末（名詞） 例：請給我胡椒麪兒。
尖 (jiān)	尖銳（形容詞） 例：這把刀太尖了。	物體末端（名詞） 例：他凍得鼻尖兒都紅了。
跟 (gēn)	跟隨（動詞） 例：我跟媽媽去深圳。	鞋、襪子的後部（名詞） 例：媽媽不愛穿高跟兒鞋。
畫 (huà)	用筆繪圖形（動詞） 例：這是我畫的。	畫成的藝術品（名詞） 例：我買了一幅畫兒。
眼 (yǎn)	眼睛（名詞） 例：他是近視眼。	針扎後留下的小孔（名詞） 例：打完預防針，要留意針眼兒發炎了沒有。
活 (huó)	生存（動詞） 例：活到老，學到老。	工作或產品（名詞） 例:我還在幹活兒呢，不去了。
火 (huǒ)	物體燃燒（名詞） 例：那場火很快被撲滅了。	發怒（動詞） 例：爸爸發火兒了。
黃 (huáng)	顏色（形容詞） 例：黃色的圍巾。	雞蛋黃兒（名詞） 例：奶奶不吃蛋黃兒。
頭 (tóu)	身體的一部分（名詞） 例：這個小孩兒的頭大。	領導（名詞） 例：老張是我們的頭兒。

ao an ü k ou

所以，「陳校長是我們的頭」一定要兒化，否則你的頭到陳校長那裏去了，你怎麼辦？

3分鐘練習

下列句子有些應該兒化的詞語漏了「兒」字，把它補上。

例：筆尖∧(兒)太尖了，很危險，別讓弟弟玩兒。

1. 奶奶只吃雞蛋清，不吃蛋黃。

2. 我們一點吃午飯，你可要多吃一點。

3. 他喜歡畫畫，喜歡喝杏仁茶。

4. 你們去燒烤時要注意安全，點火的時候，當心火星濺出來。

我要學好
普通話
語音篇

51.「勺兒」跟「勺子」是一回事

學習
重點
既可加「子」又
可兒化的例子

普通話中有些字，能加「子」，成為輕聲詞語；也能兒化，成為兒化詞語，意思不變。

例字	加「子」的輕聲詞語	加「兒」的兒化詞語	例句
勺	勺子	勺兒	請給我一把勺子 / 勺兒。
樣	樣子	樣兒	我忘了她長什麼樣子 / 樣兒。
袋	袋子	袋兒	去超市買東西前，別忘了拿個袋子 / 袋兒。
葉	葉子	葉兒	菜葉子 / 菜葉兒也能吃，別浪費。
辮	小辮子	小辮兒	她梳着兩條小辮子 / 小辮兒。
瓶	瓶子	瓶兒	那裏有個瓶子 / 瓶兒。
盤	盤子	盤兒	媽媽炒了一大盤子 / 盤兒菜。
印	印子	印兒	上面有一道印子 / 印兒。
套	套子	套兒	你最好做個套子 / 套兒把笛子裝起來。
猴	猴子	猴兒	那裏有一隻猴子 / 猴兒。

加油!

大家可能會問：既然輕聲、兒化都可以，那我到底該說什麼呢？

我的回答是：那要看你哪個說得好，如果你輕聲說得很好，兒化總說不好，那就說輕聲好了，揚長避短。但若是你輕聲、兒化都沒問題，我建議你說兒化，因為兒化更加簡潔，更加口語化。

3分鐘練習

下列句子中，哪個字既可以加「子」，也可以兒化，意思卻不變？把它圈出來，再讀一讀句子。

1. 地上有個盆。
2. 小籃裏裝着鮮花。
3. 那個罐是他親手做的。
4. 我連他的影都沒見過。
5. 那個小盒是她旅遊時買的。

52.「包」、「包兒」和「包子」不一樣

學習重點　加「子」和兒化的分別

這天何老師家中有事，她打算下課後不回辦公室，直接回家，就把手提包帶到了教室。下課鈴一響，她就往外走。一個學生說：「老師，您忘了包子！」她很納悶兒：「我怎麼會帶包子來教室啊？」

原來，那位學生犯了隨便加「子」的毛病。

「包」這個字能作名詞、動詞及量詞來用；也可以加「子」成為輕聲詞語，或加「兒」成為兒化詞語，但意思可不同！

「包」當量詞最簡單，如：一包東西。作為動詞的「包」字也簡單，如：他把東西包起來。

作為名詞就稍微 (shāo wēi) 複雜一些了：

1. 指已經包好了的東西。兒化。如：小籠包兒、聖誕禮物包兒。

2. 指裝東西的口袋（kǒu dai）。如：書包、手提包。廣東話「我想買個手袋」，普通話可以說「我想買個包兒」。

3. 身體和物體上鼓起來的疙瘩 (gē da)。比如腿上被蚊

子 (wén zi) 咬了一口，鼓起來一個疙瘩，可以說「被蚊子咬了一個包」。

「包」如果加「子」成為「包子」，就成了一種有餡兒的食品，比如：今天吃包子、他是開包子鋪的。

普通話還有一些字，可以加「子」、加「兒」，也可以什麼都不加，但加與不加、加什麼，意思都不同。舉幾個例子：

例字	詞性	釋義	例句
頭	名詞	身體的一部分	他頭很疼。
頭子	名詞	首領（貶義）	他是黑社會頭子。
頭兒	名詞	首領	我們頭兒特好。
包	動詞	把東西裹起來	請把它包起來。
	名詞	疙瘩	他被蚊子咬了個大包。
包子	名詞	有餡兒的食品	他吃了兩個包子。
包兒	名詞	裝東西的袋子	這個包兒真好看。
空 (kòng)	動詞	騰空	文章每段開始要空兩格。
	形容詞	沒有被利用	車廂裏空得很。
空子	名詞	可乘之機（貶義）	他很會鑽空子。
空兒	名詞	沒佔用的時間、地方	今天我沒空兒。

3分鐘練習

讀一讀句子，在適當的橫線上加「兒」或「子」，不需要加「兒」或「子」的打✗。

1. 媽媽說：「我今天有空______，給你們做包______吃吧。」
2. 那個穿西服的是我們的頭______，他人很好。
3. 小弟弟撞到了桌子，額頭上起了一個大包______。
4. 姥姥說：「我想買個新包______，你帶我去百貨商店買吧。」
5. 爸爸最近工作壓力大，常常頭______疼。

ao
an
ü
k
ou

趣味小知識

53.「小狗子」與「鐵蛋兒」

學習重點　起名的學問

以社會語言學的角度看，名字並不僅僅是一個人的代號。假如一個孩子從小被人叫「小狗子」，他或多或少會有些自卑心理。潛移默化的作用是看不見的，卻可以是很大的。

相反，假如叫「大虎」就不同了。以前有不少北方男孩兒的小名叫「鐵蛋兒」(tiě dànr)、「石頭」(shí tou)，這兩個名字叫起來音韻鏗鏘 (kēng qiāng) 有力。男孩兒從小被人這麼叫，天長日久，不知不覺地傳遞着一種信息：我是鐵，是石頭，擴展開來就是：我堅硬、我充滿力量！

從語音方面來說，名字讀起來要響亮 (xiǎng liàng)，還要顧及韻律 (yùn lǜ)。如果三個字全是第一聲，像張淑芬 (Zhāng Shūfēn)，因為第一聲是平調，沒有高低起伏的變

化，讀起來就比較平板。加上調值是最高的，就好像唱歌一樣，全是高音，感覺上比較緊。

再就是如果姓氏 (xìng shì) 是第三聲字，第二個字最好不用第三聲字。好比姓李 (Lǐ)，叫美華 (Měihuá)，因為兩個三聲字連讀要變讀成第二聲，聽起來像是「黎美華」(Lí Měihuá)。假設我們不知道「徐小鳳」是誰，「徐小鳳」(Xú Xiǎofèng) 有機會被人誤以為是「許小鳳」(Xǔ Xiǎofèng)。這點也應留意。

3分鐘練習

回答下列問題，把答案寫在橫線上。

1. 用普通話說「史小明先生」，聽起來史先生好像姓什麼？為什麼？

____

____

2. 為什麼普通話為母語的人不太喜歡用「瓊」字為子女起名？

____

____

3. 讀讀「許敏華」和「徐敏華」，發現什麼問題？為什麼？

____

____

4.「張」和「章」同音，自我介紹的時候應該怎麼說，人家才能明白？

____

____

5. 還有哪個姓和「江」同音？

____

____

54. 他的名字叫「戴奶罩」

起名的學問

隨着普通話的普及，同音字也是父母為孩子起名要考慮 (kǎo lǜ) 的因素 (yīn sù)。我有個學生叫馬漢權 (quán)，他上了幾節普通話課之後告訴我，他哥哥叫馬漢詮 (quán)，兩人的名字用普通話唸一模一樣 (yì mú yí yàng)。如果當初他的父母會普通話，就不會出現這個問題了。

還有一位叫戴乃兆的先生更加煩惱。他多年前在台灣唸大學。三十多年前香港會普通話的人不多，在香港時，他根本沒察覺 (chá jué) 到他的名字有問題，到了台灣唸大學被人叫「戴奶罩」，才知道自己的名字「好大件事」。

除了普通話，我想每個方言都存在這樣的問題。「碧珊」(Bìshān) 上海人就一定不會叫，因為它跟上海話中的「癟三」(biē sān) 同音。「癟三」是指靠乞討 (qǐ tǎo)、偷東西為生的無業遊民。

還有位先生叫史彪 (Shǐ Biāo)，英文名 Bill，按照英文的習慣，名字在前、姓氏在後，是「Bill 史」，用廣東話讀來聽聽，變成了什麼？

綜上所述，給寶寶起名時一定要考慮多方面的因素。

ao
an
ü
k
ou

3分鐘練習

回答下列問題，把答案寫在橫線上。

1. 在普通話中，「起名兒」和「改名兒」意思有什麼不同？

____

____

2. 找出最少兩組發音相同的姓氏，把拼音寫出來。
   例：張、章：zhāng。

____

3. 「賈寶玉」聽起來像什麼？

____

4. 只聽不看的話，「甄可蓮」跟什麼同音？

____

5. shī、shí、shǐ、shì 四個音都可以作姓氏，它們分別是什麼字？

____

55. 台灣國語的注音

台灣國語

聽到有人把「星期 (qī) 三」說成「星奇 (qí) 三」、把「癌 (ái) 症」說成「炎 (yán) 症」嗎？

是的，不論是看台灣電視劇，或是看台灣翻譯的外國電視劇（如韓劇），你都會發現，有的字音台灣國語跟大陸國語不一樣。

還有危險的「危」，台灣是 wéi xiǎn，大陸是 wēi xiǎn。馬英九當市長時有一次接受電視訪問，談到「垃圾分類」，「垃圾」的發音是 lè sè，而大陸讀 lā jī。這到底是怎麼回事？

從名稱上，台灣叫「國語」，新加坡叫「華語」，內地叫「普通話」，其實都是一回事。但因為地區不同，各地讀音多少是有些差別的。

我會讓學生有機會就看大陸和台灣的新聞節目，一來練習聽力，二來可以瞭解海峽兩岸普通話的不同。

內地的字典注音一致（個別如輕聲等略有不同），台灣出版界的情況有點兒像香港，百花齊放。專家眾多，各執一詞，因此就出現了這種情況：同一個字，幾本字典注音不同。

學生總是問我：「老師，連字典注音都不同，那該怎麼辦呢？」

我總是回答：「見人說人話，見鬼說鬼話」。哦！別誤會！人、鬼只是打個比方，可不是特指誰。我是說：去台灣旅遊可以發台灣音，考試、回內地玩兒就要避免台灣音了。

到底海峽兩岸哪些字發音不同呢？全玉莉、王仙瀛著《普通話水平測試應試手冊》的附錄列舉了這些字。我從中選了一些，其中大陸注音以《現代漢語詞典》為依據，「台 1」表示台灣一般民眾（包括播音員）的習慣讀音；「台 2」表示《國語活用詞典》的注音，後者由台灣五南出版社 1996 年出版。

例字	大陸	台 1	台 2
文件夾	wén jiàn jiā	wén jiàn jiá	wén jiàn jiá
企業	qǐ yè	qì yè	qì yè
潛力	qián lì	qiǎn lì	qián lì
研究	yán jiū	yán jiù	yán jiù
亞洲	Yàzhōu	Yǎzhōu	Yǎzhōu
深圳	Shēnzhèn	Shēnjùn	Shēnzùn
法國	Fǎ guó	Fà guó	Fà guó
筵席	yán xí	yàn xí	yán xí
檔案	dàng àn	dǎng àn	dǎng àn
偽造	wěi zào	wèi zào	wèi zào
成績	chéng jì	chéng jī	chéng jī
大廈	dà shà	dà xià	dà xià
處理	chǔ lǐ	chù lǐ	chù lǐ

3分鐘練習

一、查《新華字典》，把下列詞語的拼音寫在橫線上，然後讀一讀。

1. 垃圾：____________
2. 研究：____________
3. 亞軍：____________

二、為下列句子中的粗體字注音，寫在括號內，然後讀一讀句子。

1. **廈**（　　）門有好多高樓大**廈**（　　）。
2. 你這樣做太**危**（　　）險了！
3. 他一**帆**（　　）風順地拿下了**法**（　　）國公開賽冠軍。

ao an ü k ou

56. 新舊讀音對照表

學習重點 介紹普通話讀音的變化

何文匯教授的大作《廣粵讀》（明窗出版社）中舉了大量的例子，來闡述普通話、廣東話和英語的語音特性，非常生動。作為普通話教師，最令我得益的是書中介紹了普通話語音的演變。

相信不少讀者曾經有過這樣的疑問：

為什麼普通話中有的字音會改變？比如成績的「績」，早期字典上注的是 jī，後改為 jì 。

有的字為什麼內地、台灣讀法不同？比如「亞洲」的「亞」，內地是 Yà，第四聲，台灣是 Yǎ，第三聲。

看了《廣粵讀》就明白了。

《廣粵讀》中有個表格，何教授從 1947 年香港商務印書館出版的《漢語詞典》中選出了 50 個字，從 1997 年北京商務印書館出版的《現代漢語詞典》也選了這 50 個字，對比來看，看看 50 年來讀音有哪些變化。

請看其中的例子（原著表內亦舉了《廣韻》和《粵音正讀字匯》的例子，此處從略）：

例字	1947 年《漢語詞典》注音字母版	1997 年《現代漢語詞典》
功**績**	jī（陰平）	jì（去）
蹤**跡**	jī（陰平）	jì（去）
寂寞	jí（陽平）	jì（去）
舞**蹈**	dào（去）	dǎo（上）
突然	tú（陽平）	tū（陰平）
綜合	zòng（去）	zōng（陰平）
理**髮**	fǎ（上）	fà（去）
細**菌**	jùn（去）	jūn（陰平）
淑女	shú（陽平）	shū（陰平）
危險	wéi（陽平）	wēi（陰平）
質料	zhí（陽平）	zhì（去）
建**築**	zhú（陽平）	zhù（去）

看了這個表，我終於明白了，為什麼台灣電視劇中把「舞蹈」(wǔ dǎo) 說成「五道」(wǔ dào)，把「寂寞」(jì mò) 說成「急寞」(jí mò)。原來本來就是這麼說的，是內地後來把讀音改了。

把正確答案圈起來。

1. 下面哪個詞是三三連讀變調詞語？

   A. 舞刀　　B. 悟道　　C. 舞蹈

2. 下面哪個字的聲調是第四聲？

   A. 即　　B. 寂　　C. 疾

3. 「gōng jì」是下面哪個詞的拼音？

   A. 攻擊　　B. 功績　　C. 公雞

4. 下面哪個詞中兩個字的聲母都是 ch ？

   A. 誠實　　B. 長情　　C. 長城

5. 下面哪個詞中兩個字的韻母都是 u ？

   A. 圖書　　B. 首都　　C. 無憂

57.「拍攝」和「排洩」

粵普易混詞語

問：什麼馬不能騎？

答：海馬。

問：愛因斯坦是科學家，聖誕老人是什麼家？

答：老人家。

問：熊貓是什麼顏色的？

答：是……

相信這是不少香港小孩兒都玩兒過的 IQ 題。

聰明的讀者會發現，假如第三題用普通話問是沒有意義的。

廣東話「熊」、「紅」同音，如果答「熊貓是紅色的」就「中招」了。而普通話「熊」(xióng)、「紅」(hóng) 讀音差得很遠，這題根本考不出什麼來。廣東話「熊貓」倒是和普通話「紅帽」(hóng mào) 的發音有點兒相似 (xiāng sì)。

有一些詞，廣東話發音跟普通話的另一個詞有點兒接近，弄不好很容易混淆。例如：

ao
an
ü
k
ou

廣東話	普通話
恩惠	因為（yīn wèi）
拍攝	排洩（pái xiè）
別墅	別睡（bié shuì）
大霧	大幕（dà mù）

這類詞語，不但學普通話的人要注意，我們以普通話為母語的人說廣東話時也要注意，要儘量把音發準。

3分鐘練習

先查字典為下列各詞語注音，寫在括號內，再分別用廣東話和普通話讀一讀。

1. 師範（　　　　　　）—— 稀飯（　　　　　　）
2. 根除（　　　　　　）—— 跟隨（　　　　　　）
3. 主持（　　　　　　）—— 舉起（　　　　　　）
4. 魔鬼（　　　　　　）—— 摸鬼（　　　　　　）
5. 奸笑（　　　　　　）—— 乾笑（　　　　　　）
6. 航程（　　　　　　）—— 行情（　　　　　　）

我要學好
普通話
語音篇

58. 慢性節摸鬼

學習
重點
廣東話的影響

香港年輕人喜歡過萬聖節，因為可以「扮鬼扮馬玩一餐」。說到萬聖節，離不開鬼，由此我想到廣東人容易說錯的幾個字。

受廣東話影響，魔鬼的「魔」(mó) 廣東人往往唸成 mō，變成了「摸鬼」。不會廣東話的人會覺得很納悶兒：一般人見了鬼就跑，怎麼香港人膽子 (dǎn zi) 那麼大，不但不跑，還敢上去摸？佩服！

萬聖節的「萬」(wàn) 聲母不是 m，這個音本身就是韻母 uan，所以沒有聲母，不能讀成「慢」。「聖」(shèng) 是翹舌音，廣東人常把舌尖放在下齒背發成 xìng，結果成了「慢性節」，或者「萬姓 (xìng) 節」。

從「摸鬼」我又想到了「按摩 (mó)」。十個人有九個說成「按摸」，如果是這樣，按摩師有非禮嫌疑 (xián yí) 了。

魔、摩變「摸」都屬於受廣東話聲調的影響，類似受廣東話影響的例子還有許多，再舉幾個：

把「鞋子」(xié zi) 說成「孩子」(hái zi)、把「姓黃 (Huáng)」說成「姓王 (Wáng)」、把「美孚 (fú) 石油」說成「美夫 (fū) 石油」、把「芒 (máng) 果」說成「māng 果」等。

3分鐘練習

一、為下列詞語注音，寫在橫線上，然後讀一讀。

1. 騎摩托車：________________
2. 妖魔：________________
3. 滑浪風帆：________________
4. 檸檬茶：________________

二、為下列粗體字注音，寫在括號內，然後讀一讀句子。

1. 這個小**孩**（　　　　）子穿着小**鞋**（　　　　）子。
2. 能開**窗**（　　　　）不能開**槍**（　　　　）。
3. 我愛吃**梨**（　　　　）和**栗**（　　　　）子，不愛吃**李**（　　　　）子。

59. 媽媽在痕身銀行

二十多年前我剛來香港教普通話時，遇到學生發音不準，就反反覆覆地糾正。後來漸漸發現，有的人普通話發音不準，是因為他本身連廣東話發音都不對。

比如恆生銀行的「恆生」(héng shēng)，兩個都是後鼻音，有人說成「痕身」(hén shēn) 銀行。讓他用廣東話再說一遍，也是「痕身」——連廣東話也是前後鼻音不分。遇到這種情況，我就先找同學糾正他的廣東話，廣東話「搞定」了，普通話也就好辦了。

還有「中國人」的「國」，總是發得又快又短，讓他用廣東話說一次，原來他把「中國人」說成了「中角人」。還有 n、l 不分的問題，把「你好」說成「理好」、把「牛奶」說成「流賴」等等。

對前後鼻音，有不少人存在疑問：哪為前？哪為後？其實「鼻」指的是鼻音，「前」與「後」指的是舌頭的位置。

發前鼻音時，舌頭往前，收音時舌尖抵住上齒背（稍往上一點兒）。發後鼻音相反，舌頭往後，收音時舌頭縮在後面。因此，後鼻音的口型比前鼻音大。

注意舌位，發前後鼻音沒難度！

ao an ü k ou

3分鐘練習

先查字典為下列各詞語注音，寫在括號內，然後讀一讀。

1. 英國（　　　　　　　）—— 因果（　　　　　　　）
2. 你好（　　　　　　　）—— 利好（　　　　　　　）
3. 頻繁（　　　　　　　）—— 平凡（　　　　　　　）
4. 料到（　　　　　　　）—— 尿道（　　　　　　　）
5. 反問（　　　　　　　）—— 訪問（　　　　　　　）
6. 平躺（　　　　　　　）—— 平坦（　　　　　　　）

60. 普通話司儀的語速

語速的重要

有學生對我說：「畢老師，您說話別那麼快」。我耐心地解釋：「在香港，很少能聽到正常語速的普通話，課本附送的錄音資料語速偏慢，那是希望學習者能聽得一清二楚；香港明星接受訪問語速慢，那是因為普通話不到家；電視上看到中央領導講話不用正常語速，是因為他們希望記者、觀眾能充分理解他們的意思，故意說得慢；還有些大陸幹部發言時故意在某些句子後面停頓，那是希望人們鼓掌，最讓人討厭。」

我反覆跟他們解釋：上課時我一定要拿出一些時間用正常語速跟你們說話，否則你們到了真實的普通話環境中不能適應（當然，不適應的還有其他地方）。

由此我想到了學校的頒獎典禮。我經常出席頒獎禮，那麼多人上台領獎，唸人名、校名時萬萬不能用正常語速，要快唸。

光快就行嗎？當然不。唸得快而語調又平，效果像和尚唸經，台下的人準會睡着了 (shuì zháo le)，要注意語調、語氣，重音要處理好。還要咬字清楚，不能「吃字」。「吃字」就是兩個或以上的字連讀，有的字像被吞進肚子裏了，

聽不見了，像「好不好」的「不」字，「我的書」的「的」字，常常被「吃掉」。

要同時做到這些，很考工夫 (gōng fu)。

3分鐘練習

熟讀繞口令。

Wáng qī mài lí
王 七 賣 梨

Qīng zǎo qǐ lai yǔ xī xī Wáng qī shàng jiē qù mài lí
清早起來雨稀稀，王七上街去賣梨。

Qí zhe máo lǘ pǎo de jí shùn biàn mài dàn yòu mài xí
騎着毛驢跑得急，順便賣蛋又賣蓆。

Yì pǎo pǎo dào xiǎo qiáo xī máo lǘ yí xià shī le tí
一跑跑到小橋西，毛驢一下失了蹄。

Dǎ le dàn sǎ le lí jí de Wáng qī yǎn lèi dī
打了蛋，撒了梨，急得王七眼淚滴。

ai h ou p en

61.「1」什麼時候唸「么」？

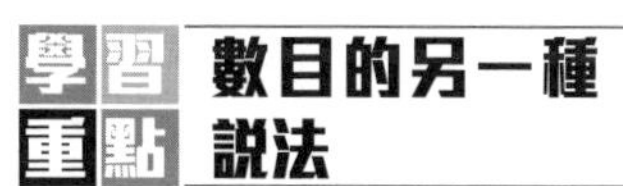

常有人問我：怎麼我聽人把「1」說成「么」(yāo)？

是的，有幾個數目字有特殊的叫法。

0是「洞」(dòng)、1是「么」(yāo)、2是「兩」(liǎng)、7是「拐」(guǎi)。

一般用於通訊(tōng xùn)，尤其是軍事通訊。戰場上砲火連天，環境嘈雜(cáo zá)，以前的通訊設備又落後，有的數字如果用我們慣常的讀法很可能聽不清楚，比如1(yī)和7(qī)，韻母和聲調是一樣的，如果把「01號陣地有敵兵」聽成「07號陣地有敵兵」就壞事了。用「么」和「拐」代替，就不那麼容易混淆。

看宇宙飛船升空現場直播時，宇航員以01、02編號，但他們和地面通話時用「洞么」、「洞兩」代替。

我們平時會用的有「么」和「兩」。今天說說「么」的用法。「么」只能用於3位或3位以上的數字，比如電話號碼等。11路公共汽車就不能用，但101路就行，讀「么零么」。注意，表示純數字才行，金額（é，音同「鵝」）、年份等不能用。

3分鐘練習

以下句子中的「1」，哪些應該讀「么」？把它們圈起來。

1. 1981 年。
2. 比賽結果是 1：1。
3. 傳真號碼是 2911 4829。
4. 你可以坐 111 路公共汽車到我們家。
5. 指揮員喊口令：「一、二、三！」
6. 沒車坐，咱們還是坐自己的 11 路吧。

談學習方法

62. 一舉兩得

學習重點 **利用拼音輸入法學普通話**

有相當一部分人嫌打中文麻煩，不學倉頡、速成等中文輸入法。我有不少學生都這樣，但他們都會打中文，為什麼呢？因為他們會漢語拼音，直接用拼音打就行了。

可能有人會說，我拼音不行，做不到。這話不全對，完全掌握 (zhǎng wò) 拼音當然最好不過了，但只要基本掌握了拼音，就可以嘗試了。因為幾乎所有拼音輸入法都不需理會廣東人最頭疼的聲調。試着試着，你就會發現你的拼音越來越好。因為如果拼音打錯了，它就不會顯示 (xiǎn shì) 出你想要的字或詞，就等於提醒你：你的拼音錯了。久而久之，你的拼音會有意想不到的進步！

漢語拼音輸入法最大的好處是不需要理會聲調，只打聲母、韻母，有的連韻母都不用打，只需打聲母。所以說，只要基本掌握拼音，就能打字了。

本人另一本拙作《我要學好普通話——詞彙篇》中有一篇《包羅萬有 VS 包羅萬象》，其中便談到「包羅萬象」(bāo luó wàn xiàng) 和「包羅萬有」，如果用拼音輸入法打 b l w y，你會見到「暴露無遺」(bào lù wú yí)、「玻利維亞」（Bōlìwéiyà）等，就是沒有「包羅萬有」。

遇到這種情況，你應該想想：「包羅萬有」是很常用的詞，是我打錯了？還是普通話根本沒有這個詞？然後再輸入 b l w x 試試，你立刻 (lì kè) 就會看到「包羅萬象」，這時查查《現代漢語詞典》——果然！

沒有「包羅萬有」，因為它不是普通話詞語！這種情況遇上幾次，不僅拼音會進步，詞彙方面也會進步。

3分鐘練習

利用拼音輸入法，根據指示嘗試打出以下詞語，並在橫線上寫出最後出現的是什麼詞語。

1. 不經不覺（先打 b j b j，再打 b zh b j）：________
2. 三番四次（先打 s f s c，再打 s f w c）：________
3. 七彩繽紛（先打 q c b f，再打 w c b f）：________
4. 急不及待（先打 j b j d，再打 p b j d）：________
5. 借花敬佛（先打 j h j f，再打 j h x f）：________

63. 帶四個聲調的音節表

學習重點	介紹帶四個聲調的音節表

幾乎每一本普通話書的後面，都附有普通話音節表。這裏我向大家介紹一個帶四個聲調的音節表。

以往的音節表幾乎都是這樣的：

聲母／韻母	d	t	n	l
i	滴 dī	踢 tī	你 nǐ	麗 lì

大家可以看到，這樣的音節表不是以四聲的面貌出現的，比如聲母 d 和韻母 i 相拼之後，只顯示一個音節，也就是只有一個「滴」字。但實際上，d 和 i 相拼，能拼出好多字呢！再看下面的音節表：

韻母／聲母	i			
	第一聲	第二聲	第三聲	第四聲
d	滴 dī	敵 dí	底 dǐ	弟 dì
t	踢 tī	題 tí	體 tǐ	替 tì
n	妮 nī	泥 ní	你 nǐ	膩 nì
l	哩 lī	梨 lí	李 lǐ	麗 lì

你看，d 和 i 相拼，四個聲調的字都齊了，一目了然！

音節表包括四個聲調，所有的普通話音節都涵蓋在裏面了，讀準了表裏的字，所有的字你都會讀了！

這個音節表是香港理工大學中文及雙語學系語文測試中心研發的。我有幸參加了研發，工作過程令我獲益匪淺。這個表收錄在《香港地區普通話教學與測試詞表》中，由陳瑞端主編，劉英林任顧問，商務印書館出版。

這個表非常有用，向大家推介。

3分鐘練習

請在括號內填上與拼音相應的漢字，把表補齊。可借助字典。

韻母 / 聲母	i			
	第一聲	第二聲	第三聲	第四聲
j	機 jī	級 jí	(　　) jǐ	記 jì
q	(　　) qī	其 qí	起 qǐ	(　　) qì
x	西 xī	(　　) xí	(　　) xǐ	細 xì

聲母＼韻母	uai			
	第一聲	第二聲	第三聲	第四聲
g	（　）guāi	/	拐 guǎi	怪 guài
sh	衰 shuāi	/	甩 shuǎi	（　）shuài

64. 學語言要「敏感」

學習重點　從生活中學普通話

要想學好普通話，一定要「動腦筋 (nǎo jīn)」。時時刻刻留意周圍的事物，時時刻刻動腦筋。比如吃午飯時看到菜中有芫荽，你就給自己提出問題：普通話怎麼說？沒有時間查資料 (zī liào)，可以把問題「存起來」，等見到會普通話的人向他們請教。香港人腦子好使是出了名的，平時留意生活中的例子，積少成多，就會進步。

除了動腦筋，還要「敏感」。這裏所說的「敏感」指的是「對特別情況要保持高度警覺 (jǐng jué)」。

比如廣東話和普通話「彈」都是多音字，「彈 (tán) 琴」、「子彈 (dàn)」廣東話和普通話的聲母都一樣，但「股市反彈 (fǎn tán)」的「彈」廣東話聲母是 d，普通話卻是 t。遇到類似情況就要「打醒十二分精神」了。

新聞報道「香港跟隨美國加息」，有人馬上想到：那麼普通話「根除」怎麼唸呢？還有，看台灣電視劇，聽到「我好寂寞」的「寂寞」唸 jí mò，就要在腦子裏打個問號：怎麼是 jí mò 呢？明明聽過 jì mò，「寂」到底是 jí 還是 jì？

問號越多，敏感度越高，學得也越好。好！現在就考

考大家：廣東話說「皮膚敏感」、「鼻敏感」，顯然跟我剛才說的「敏感」不同，發現這一點了嗎？如果發現了，證明你的敏感度很高，恭喜你！

3分鐘練習

回答下列問題，把答案寫在橫線上。

1. 查查詞典，看看本文第二段中的「敏感」是什麼意思？再造一個句子。

   意思：________________

   造句：________________

2. 「芫荽」的另外一個名稱是什麼？

   ____

3. 分別為「跟隨」和「根除」注音。

   跟隨：__________ 根除：__________

4. 為「動腦筋」的「筋」找出三個同音字。

   ____

5. 「寂寞」到底怎麼唸？

   ____

ao an ü k ou

65. 嬰兒學說話的啟示

我們先來做個試驗，你找幾個朋友問同一個問題：「學普通話『聽』是非常重要的，你同意嗎？」看他們怎麼回答。我自己的經驗是，十個有九個說「我聽沒問題，就是說不好。」每到這時，就會展開以下的對話：

孩子出生後，誰教他們說話？

誰？好像沒人教啊！

沒人教怎麼會說話？

聽大人說得多了，自然就會說了。啊！我明白您說什麼了！

看到這裏，大家應該明白我的意思了。人類學習母語（這裏僅指說話）不是「學」來的，而是「聽」來的。媽媽不會指着奶瓶對孩子說「呢枝係奶奶」，媽媽每次餵奶時說「食奶奶啦」，孩子一天聽好幾次，日復一日，他餓了就會說「食奶奶」。

所以說，寫字要教，說話不用教。一個嬰兒周圍的人說英語，他會說英語；說潮州話，他滿口潮州話；說什麼話的都有，他的話也會夾雜 (jiā zá) 幾種語言。

相信常去吃日本菜的讀者一定會用日文說「歡迎光

臨」吧？沒特意去學、去背，聽得多了，自然就會說了。還有一些廣告歌、廣告詞，根本沒刻意去記，天天聽，不知不覺就記下來了。這就是「聽」的功效。

「聽」不僅僅是「聽得懂」內容，還包括語音、語流、語感、語調等等很多東西。這些東西靠老師一星期一兩次授課根本不夠。

不知大家是否有這種體驗：有人普通話發音相當準，但就是感覺差那麼一點兒，用口語說就是「沒有那個味道(wèi dao)」。

如果想做到「夠味兒」，「聽」是必不可少的。但香港沒有普通話語言環境，到哪裏去聽？沒有條件，要儘量(jǐn liàng) 創造條件。如何創造？下一篇接着談。

3分鐘練習

文中出現的「沒、教、調、曲、會」都是多音字，參照例題，分別寫出它們的拼音和一個例詞。

例 中：(zhōng) 中間 ；(zhòng) 中獎

1. 沒：(　　) ______；(　　) ______
2. 教：(　　) ______；(　　) ______
3. 調：(　　) ______；(　　) ______

ao an ü k ou

66. 要自創語言環境

前文說到絕大多數人學普通話不重視「聽」，讀者可能會說：在香港只能聽到廣東話和英語，沒有普通話語言環境。或者是：香港人那麼忙，不可能有時間坐下來聽普通話。

我有個學生要考普通話，她非常用功，發音也相當準，她的目標是拿到一級。但我不得不殘酷地告訴她，短時間內不可能。為什麼？就是上一篇說的——「不夠味兒」。情況就像我們時常在電視上看到的：大陸或台灣來的明星，他們的廣東話發音相當準，但每個字串起來，還是覺得差 (chà) 那麼一點兒，欠 (qiàn) 缺的就是那點兒味道。

我每天一睜眼第一件事是開電視，並非坐下來看，而是把聲音開大，邊做事（洗臉、刷牙等）邊聽。天氣情況、交通消息、重要新聞都知道了。我問這個學生有沒有這個習慣，她說沒有。我讓她每天起牀就開電視或收音機，找普通話台，聽普通話。下班回家後也一樣，坐車也聽，總之儘量創造一個全方位的普通話環境。

聽什麼呢？如果家中電視能看到中央電視台（CCTV）最好，那是最標準的。如果收不到，鳳凰衛視也行。聽收音機可以聽普通話電台。說到這裏想插 (chā) 一句，我發

現有人居然不知道香港有自己的普通話電台。新界有的地方能聽到內地電台，也可以聽。

「聽」可不是讓你坐在那裏不做事只是聽，而是你該幹什麼還幹什麼，不用理會它。久而久之，「它」就會不知不覺地「進入」你的腦子裏，你再說的時候，那「味道」就出來了。

最後提醒大家，如果自己找材料聽的話，儘量不要聽歌，偶爾聽聽可以。準備考試的朋友一定不能聽，因為聽歌對考試沒用。

3分鐘練習

回答下列問題，把答案寫在橫線上。

1. 為什麼準備考試不能靠聽歌？

____

2. 為「刷牙、串起來、居然」注音。

刷牙：________________

串起來：______________

居然：________________

3. 找出本文中三三連讀變調的詞語。

____

67. 誰離婚了？

香港有的學生「臉皮薄」(liǎn pí báo)，老師糾正他們的錯誤，他們會覺得難為情。這樣會影響學習效果。

做老師有時候也要當當心理學家，我的解決方法之一是「拿自己開刀」。我告訴學生，學一種新的語言，說錯是很正常的，我的廣東話也常常說錯，我經常被兒子和老公取笑。

我曾經把「洗頭」說成「死頭」，把黃秋生叫「黃超生」、吳光正叫「唔乾淨」。很久以前必勝客有一種甜點叫「吉士布丁」，我說成「急屎布丁」。有一次邊看報紙邊自言自語：「劉嘉玲離婚了！」，兒子馬上反駁 (fǎn bó)：「是羅嘉良離婚了」——又說錯了！

學生聽了這些例子會想：連老師都曾經「瘀」過，我們還怕什麼！心理陰影清除（chú，音「廚」）了，學好普通話也就有了信心。否則整天想：「我總說不好，是不是我太笨了？」學得好才怪！

3分鐘練習

先查字典為下列各詞語注音，寫在括號內，然後準確讀出下列字詞。

1. 洗腳（　　　　　）——死角（　　　　　）
2. 急事（　　　　　）——即使（　　　　　）
3. 久留（　　　　　）——九樓（　　　　　）
4. 花炮（　　　　　）——發炮（　　　　　）
5. 瑜伽（　　　　　）——儒家（　　　　　）

我從2007年10月開始在香港《經濟日報》撰寫普通話專欄，不知不覺已經寫了好幾百篇了，於是就有了結集出版的想法。感謝何文匯教授的引薦、新雅文化事業有限公司副總編輯何小書女士的鼓勵及劉慧燕小姐的支持。感謝新雅幫我達成了這個願望。

《我要學好普通話——語音篇》着重談語音問題；《我要學好普通話——詞彙篇》除了討論普通話詞彙、語法，相當一部分與中文有關。

這兩本小書有什麼特點呢？特點就是：專題專論。學校的教科書一般按單元編排，如「我們的學校」之類，坊間普通話教材的編排也是以內容為主題。這兩本書一篇一個專題，深入討論，比如「流」和「樓」的發音差別、有趣的多音字姓氏、詞語加「子」或兒化意思不同等，等於是課餘的延展學習。

現在越來越多的人能說一口漂亮的普通話，你一定不想落後吧，希望這兩本書對你能有幫助！

畢宛嬰

2013年1月

1.（P. 9）

1. A　2. B　3. B　4. A　5. C

2.（P. 12）

1. 兔子：tù zi；肚子：dù zi
2. 大步：dà bù；踏步：tà bù
3. 碳水：tàn shuǐ；淡水：dàn shuǐ
4. 當晚：dāng wǎn；湯碗：tāng wǎn
5. 膽子：dǎn zi；毯子：tǎn zi

3.（P. 14）

一、

1. 劉德華姓劉，不姓牛。
2. 他的眼內有眼淚。
3. 牛年出生的小文愛吃榴槤。

二、

男教練，女教練，兩人一起教投籃。

南蘭跟着女教練，藍楠跟着男教練。

認真練習不怕難。

4.（P. 16）

1. 呼吸：h, x
2. 香燻：x, x
3. 忽略：h, l
4. 後悔：h, h
5. 勳章：x, zh
6. 束縛：sh, f
7. 昏迷：h, m
8. 揮手：h, sh

5.（P. 18）

1. 科：k；佛：f
2. 窟：k；夫：f
3. 庫：k；服：f
4. 斧：f；苦：k
5. 翻：f；刊：k

6.（P. 20）

1. 苦（k）
2. 歡（h）
3. 恐（k）
4. 轟（h）
5. 考（k）試（sh）

7.（P. 22）

一、

1. 姚；饒
2. 瑜；儒
3. 日；意
4. 日；異

二、

他買了一本日本書。

8.（P. 24）

一、

1. 私人：sī rén；詩人：shī rén

2. 商業：shāng yè；桑葉：sāng yè

3. 贊助：zàn zhù；站住：zhàn zhù

4. 三成：sān chéng；
三層：sān céng

5. 吃飯：chī fàn；粢飯：cī fàn

6. 主婦：zhǔ fù；祖父：zǔ fù

9.（P. 27）

1. 打折：dǎ zhé；打劫：dǎ jié

2. 主機：zhǔ jī；組織：zǔ zhī

3. 排斥：pái chì；排氣：pái qì

4. 升職：shēng zhí；升級：shēng jí

5. 雜技：zá jì；雜誌：zá zhì

10.（P. 30）

一、

齊太太去A市，住在金太太家。齊太太主動幫金太太帶孩子、做家務。一天，金太太下班回家，齊太太對她說：「屋子打掃了、飯做好了，孩子也(死)(洗 xǐ) 了，老二先(死)(洗 xǐ)，老大後(死)(洗 xǐ)，兩個孩子都(死)(洗 xǐ) 了。金先生也回來了，(仁慈)(人齊 rén qí) 了，可以吃飯了。」金太太一聽，嚇得暈了過去。

二、

1. 主力：zhǔ lì；舉例：jǔ lì；
阻力：zǔ lì

2. 細節：xì jié；四節：sì jié；
季節：jì jié

3. 小說：xiǎo shuō；
少說：shǎo shuō；
早說：zǎo shuō

4. 贊助：zàn zhù；
站住：zhàn zhù；
建築：jiàn zhù

5. 第幾：dì jǐ；弟子：dì zǐ；
地址：dì zhǐ

11.（P. 32）

(廁)所　拉(扯)　(遮)住　(蛇)羹

(折)紙　負(責)　棕(色)　(側)面

12.（P. 34）

1. ü　2. ü　3. ün　4. üe

5. üan　6. ün　7. ü　8. ün

9. üan　10. üe

13.（P. 36）

1. 大敗（dà bài）

2. 大魚（dà yú）

3. 帶頭（dài tóu）

4. 帶人（dài rén）

5. 痲了（má le）

14.（P. 39）

一、

1. 美金：měi jīn；買金：mǎi jīn

2. 小妹：xiǎo mèi；小麥：Xiǎo Mài

二、

1. 分派：fēn pài；分配：fēn pèi

2. 想來：xiǎng lái；響雷：xiǎng léi

3. 給了：gěi le；改了：gǎi le

4. 成倍：chéng bèi；成敗：chéng bài

5. 奈何：nài hé；內河：nèi hé

15.（P. 41）

一、

u：祖、堵、度、瀑、出、補

ao：早、倒、道、跑、操、飽

二、

u：圖、書、怖、怒

ao：濤、冒、好、討、暴、到

16.（P. 43）

1. iu（iou）：柳、九；ou：狗

2. iu（iou）：劉、友、秀；

ou：樓、摟、歐

3. iu（iou）：酒、韭、牛、球、又；

ou：樓、肉

17.（P. 45）

1. 身 ➔ 山（shān）

2. 濕疹 ➔ 施展（shī zhǎn）

3. 門 ➔ 瞞（mán）

4. 人 ➔ 然（rán）

5. 分 ➔ 翻（fān）

18.（P. 47）

1. B　2. A　3. A　4. C　5. B、C

19.（P. 50）

一、

1. B　2. A　3. B　4. B　5. A

二、

張先生向酒店經理投訴說：「為什麼不給我傷（雙 shuāng）人牀？你們這裏的娼婦（窗戶 chuāng hu）太小了，房間鋼（光 guāng）線又不足。服務太差了！」

20.（P. 52）

1. 鮑魚：bào yú；暴雨：bào yǔ

2. 指責：zhǐ zé；職責：zhí zé

3. 合理：hé lǐ；合力：hé lì

4. 意外：yì wài；以外：yǐ wài

5. 松鼠：sōng shǔ；
   松樹：sōng shù

21.（P. 54）

一、

1. 事實、適時　2. 時事、時勢

3. 失事、失勢

22.（P. 56）

1. 家：嫁；推：退

2. 告訴：高速

3. 機翼：記憶；包：報

4. 時間：十件

5. 山：汕；擔屍：但是

23.（P. 58）

1. 暴瘦——保守

2. 武力——無理

3. 管理——慣例

4. 舉手——巨獸

5. 大道——大島

24.（P. 60）

粉嶺、網址、水果、小雪、
洗臉、語法、手錶

25.（P. 62）

1. 我昨晚洗澡時沒洗頭。

2. 你如果走，我也走，他呢？

3. 你覺得我買的這把雨傘好看嗎？

4. 媽媽今天買了不少補品給奶奶。

5. 請你給他那個網址。

26.（P. 64）

1. B　2. C　3. C　4. A　5. C

27.（P. 67）

一、

1. 辛、鑫、欣、馨

2. 斤、巾、筋

3. 代、袋、帶、貸、戴

二、

1. 鬱、遇

2. 趨、驅、軀、區（別）、曲（折）

28.（P. 69）

1. 廁、策

2. 融、榮、溶、絨

3. 嘯、孝、笑、校

4. 雙、霜

5. 箭、健、劍、見、薦、件

29.（P. 71）

1. B　2. A　3. B　4. D　5. C

30.（P. 73）

1. 京戲　2. 地獄　3. 演示

4. 童心　5. 毅力　6. 指示

31.（P. 75）

一、

1. B　2. A　3. D

二、

1. 心形 / 新型

2. 演示 / 掩飾

3. 鞋帶 / 攜帶

4. 測試 / 側視

5. 長城 / 長程

33.（P. 80）

1. (炸)魚、(炸)薯條都是油(炸)食品，不宜多吃。

2. 聽說下屬虧空公款，他氣**炸**了肺。

3. 私藏**炸**藥是犯法的，而且很危險。

4. 過年前媽媽會蒸蘿蔔糕、(炸)油餃。

5. 有些捕魚的人非法在河裏**炸**魚，那是不對的。

34.（P. 82）

1. 我以後要接受(教)訓，還請您多指(教)。

2. 王(教)授 40 年來一直**教**書，(教)學經驗很豐富。

3. (教)官肯**教**，他也肯學，所以進步很快。

4. (教)師應該有(教)無類。

5. 他年輕時**教**過書。

35.（P. 84）

1. 這輛巴士空調不夠，很悶！

2. 怪不得這麼悶，原來快要下雨了。

3. 你現在把火關了，別揭開鍋蓋，讓它悶一悶。

4. 有什麼話說出來，別悶在心裏。

5. 我家沒有烤箱，不能烤麪包。

36.（P. 86）

1. hé、hé　2. hú　3. hè　4. huó

5. huò

37.（P. 88）

1. chāi　2. chà　3. chà　4. cī

5. chā

38.（P. 90）

那個貪官，一開始不肯吐出一個字。有關人員不放棄，誓要讓他把貪污的財物(吐)出來不可。起出贓款後，他痛哭流涕，說要痛改前非。但老百姓不信，說「狗嘴吐不出象牙」。

39.（P. 92）

一、

1. kuài　2. bò　3. bǎi　4. bó

二、

1. qí；奇怪　2. jī；奇數

40.（P. 95）

1. C　2. C　3. A　4. A　5. B

41.（P. 97）

外頭、走啦、嘴巴、枕頭、胡蘿蔔

42.（P. 99）

1. 有(困難)就和王經理(商量)、(商量)。
2. 你既然肚子疼，就回家(休息)去吧。
3. 你的(衣服)很(漂亮)，不(便宜)吧？
4. 他(耳朵)發炎了，很不(舒服)。
5. 王老師長(頭髮)、大(眼睛)、小(嘴巴)，很美麗。

43.（P. 102）

一、

媽媽、妹妹、芝麻糖

44.（P. 104）

一、困難、舒服、薪水

二、

1. (原子)（園子 yuán zi）裏種了不少西紅柿。
2. 爸爸、媽媽是經(沒人)（媒人 méi ren）介紹認識的。
3. 蛋糕很好吃，你(常常)（嘗嘗 cháng chang）吧！

45.（P. 106）

1. A　2. B　3. B　4. A　5. B

46.（P. 108）

1. 鬍子　　2. 村子

3. 案子　　4. 籃子

5. 鐲子　　6. 剪子

7. 房子 / 屋子　　8. 稿子

9. 孩子　　10. 靴子

47.（P. 110）

一、

1. 櫻桃有核兒，小心點兒！
2. 媽媽去樓下李伯伯的鋪子 / 小店 / 小鋪兒 / 商店買了一把折疊傘。
3. 我腰疼，給我一個墊子。

二、

1. (試卷) → 卷子
2. (白兔) → 兔子
3. (模樣) → 樣子

48.（P. 113）

1. ✓　2. ✗　3. ✗　4. ✗　5. ✗

49.（P. 116）

1. 不用叫阿文，因為他完了。
2. 這個計劃對公司非常重要！我已經反覆強調這**一點**了。好，都一**點**了，你吃飯去吧。我要準備下午的會，只能隨便吃(**一點**)了。

50.（P. 118）

1. 奶奶只吃雞蛋清∧**兒**，不吃蛋黃∧**兒**。
2. 我們一點吃午飯，你可要多吃一點∧**兒**。
3. 他喜歡畫畫∧**兒**，喜歡喝杏仁∧**兒**茶。
4. 你們去燒烤時要注意安全，點火的時候，當心火星∧**兒**濺出來。

51.（P. 120）

1. 盆
2. 籃
3. 罐
4. 影
5. 盒

52.（P. 123）

1. 兒、子
2. 兒
3. ✗
4. 兒
5. ✗

53.（P. 125）

1. 好像姓「石」(Shí)。因為「史」(Shǐ) 和「小」都是第三聲，三三連讀會變調。
2. 因為「瓊」和「窮」同音。
3. 聽起來一樣。因為「許」和「敏」都是第三聲，三三連讀會變調，「許」(Xǔ)聽起來就像「徐」(Xú)。
4. 向人說明是弓長「張」，還是立早「章」。
5. 「姜」與「江」同音。

54.（P. 128）

1. 起名兒：孩子出生後取的第一個名字；
   改名兒：原來的名字不喜歡，重新取一個名字。
2. 程、成：chéng；陸、路：lù；婁、樓：lóu；衞、魏：wèi；江、姜：jiāng
3. 聽起來像「假寶玉」。
4. 跟「真可憐」同音。
5. 施 (shī)、石 (shí)、史 (shǐ)、侍 (shì)。

55.（P. 131）

一、

1. lā jī
2. yán jiū
3. yà jūn

二、

1. Xià、shà
2. wēi
3. fān、Fǎ

56.（P. 134）

1. C　2. B　3. B
4. C　5. A

57.（P. 136）

1. shī fàn、xī fàn
2. gēn chú、gēn suí
3. zhǔ chí、jǔ qǐ
4. mó guǐ、mō guǐ
5. jiān xiào、gān xiào
6. háng chéng、háng qíng

58.（P. 138）

一、

1. qí mó tuō chē

2. yāo mó

3. huá làng fēng fān

4. níng méng chá

二、

1. hái、xié

2. chuāng、qiāng

3. lí、lì、lǐ

59.（P. 140）

1. Yīngguó、yīn guǒ

2. nǐ hǎo、lì hǎo

3. pín fán、píng fán

4. liào dào、niào dào

5. fǎn wèn、fǎng wèn

6. píng tǎng、píng tǎn

61.（P. 144）

3. 傳真號碼是 29⑪4829。

4. 你可以坐(111)路公共汽車到我們家。

62.（P. 146）

1. 不知不覺

2. 三番五次

3. 五彩繽紛

4. 迫不及待

5. 借花獻佛

63.（P. 148）

韻母／聲母	i			
	第一聲	第二聲	第三聲	第四聲
j	機 jī	級 jí	（己）jǐ	記 jì
q	（七）qī	其 qí	起 qǐ	（氣）qì
x	西 xī	（習）xí	（喜）xǐ	細 xì

韻母／聲母	uai			
	第一聲	第二聲	第三聲	第四聲
g	（乖）guāi	/	拐 guǎi	怪 guài
sh	衰 shuāi	/	甩 shuǎi	（帥）shuài

64.（P. 151）

1. 意思：對事物反應很快。
   造句：狗對氣味很敏感。

2. 「香菜」。

3. 跟隨：gēn suí；根除：gēn chú

4. 今、金、斤。

5. 寂寞：jì mò

65.（P. 153）

1. 沒：（méi）沒有；（mò）沉沒

2. 教：（jiào）教材；（jiāo）教書

3. 調：（diào）聲調；（tiáo）調整

66.（P. 155）

1. 因為聽歌聽不出聲調。

2. 刷牙：shuā yá；

   串起來：chuàn qi lai；

   居然：jū rán

3. 洗臉、可以、偶爾。

67.（P. 157）

1. xǐ jiǎo、sǐ jiǎo

2. jí shì、jí shǐ

3. jiǔ liú、jiǔ lóu

4. huā pào、fā pào

5. yú jiā、rú jiā

附錄

聲母

唇音：b　p　m　f

舌尖音：d　t　n　l

舌根音：g　k　h

舌面音：j　q　x

翹舌音：zh　ch　sh　r

平舌音：z　c　s

韻母

單韻母：a　o　e　i　u　ü　ê　er

複韻母：ai　ei　ao　ou　ia　ie　ua　uo

　　　　üe　iao　iu (iou)　uai　ui (uei)

前鼻韻母：an　en　in　ün　ian　uan

　　　　　un (uen)　üan

後鼻韻母：ang　eng　ing　ong　iang

　　　　　uang　ueng　iong

（其中 ê 和 er 一般不出現在漢語拼音方案的韻母表中）

聲調

第一聲（調值：55）　例字：媽

5 → 5
4　4
3　3
2　2
1　1

第二聲（調值：35）　例字：麻

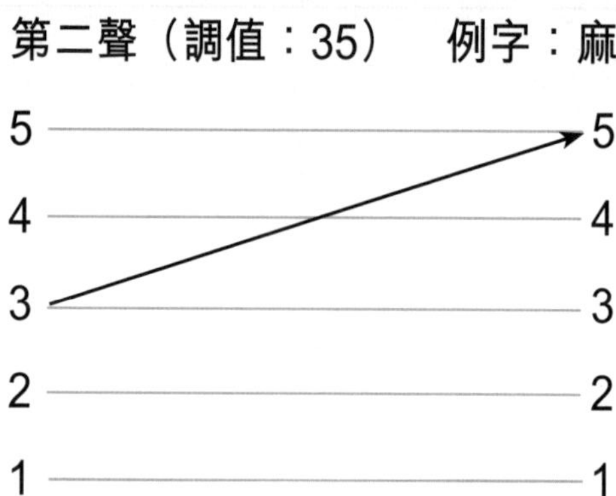

第三聲（調值：214）　例字：馬

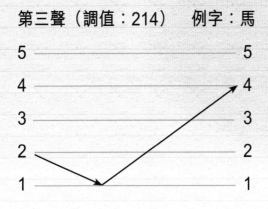

第四聲（調值：51）　例字：罵

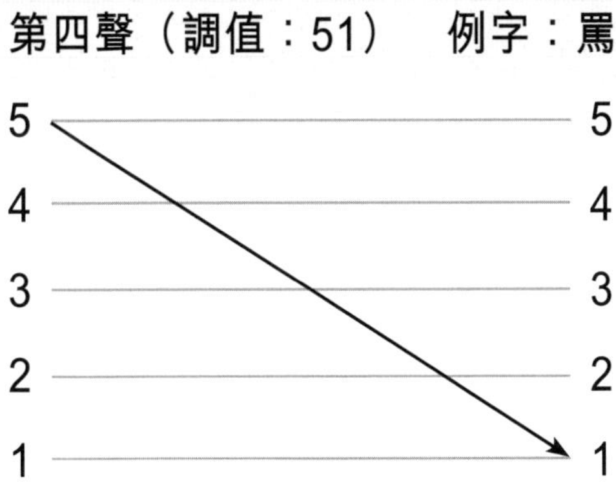

中文第一教室

我要學好普通話——語音篇

作　　者：畢宛嬰
繪　　畫：陳焯嘉
責任編輯：劉慧燕
設計製作：新雅製作部
出　　版：新雅文化事業有限公司
香港英皇道499號北角工業大廈18樓
電話：（852）2138 7998
傳真：（852）2597 4003
網址：http://www.sunya.com.hk
電郵：marketing@sunya.com.hk
發　　行：香港聯合書刊物流有限公司
香港新界大埔汀麗路36號中華商務印刷大厦3字樓
電話：(852) 2150 2100　傳真：(852) 2407 3062
電郵：info@suplogistics.com.hk
印　　刷：中華商務彩色印刷有限公司
香港新界大埔汀麗路36號
版　　次：二〇一三年三月初版
10 9 8 7 6 5 4 3 2 1

ISBN: 978-962-08-5753-9

18/F, North Point Industrial Building, 499 King's Road, Hong Kong.
Published and printed in Hong Kong